旧工业建筑再生利用机理解析

Mechanism Analysis of the Regeneration of Old Industrial Buildings

李慧民　柴　庆　张广敏　著

中国建筑工业出版社

图书在版编目（CIP）数据

旧工业建筑再生利用机理解析 = Mechanism
Analysis of the Regeneration of Old Industrial
Buildings / 李慧民，柴庆，张广敏著 .—北京：中国
建筑工业出版社，2023.6（2024.5重印）

ISBN 978-7-112-28705-5

I.①旧…　II.①李…②柴…③张…　III.①旧建筑
物—工业建筑—废物综合利用　IV.①X799.1

中国国家版本馆CIP数据核字（2023）第082289号

　　本书全面系统地论述了旧工业建筑再生利用的形成及作用机理。全书共分为8章，其中第1～2章主要归纳了旧工业建筑再生利用机理构建基础和主要内涵；第3～8章分别从既有建（构）筑物、既有道路交通、既有综合管网、生态环境、社会稳定和谐、文化保护传承等方面进行再生机理解析，为旧工业建筑再生利用的理论研究和工程实践提供依据。

　　本书可供政府部门、投资机构中相关专业人士及从事城市设计规划和建筑设计的技术人员参考，也可作为普通高校土木工程、建筑学、城市规划、工程管理等专业的教学用书。

策划编辑：武晓涛
责任编辑：刘婷婷
责任校对：党　蕾

旧工业建筑再生利用机理解析

Mechanism Analysis of the Regeneration of Old Industrial Buildings

李慧民　柴　庆　张广敏　著
*
中国建筑工业出版社出版、发行（北京海淀三里河路9号）
各地新华书店、建筑书店经销
北京京点图文设计有限公司制版
建工社（河北）印刷有限公司印刷
*
开本：787毫米×1092毫米　1/16　印张：11¼　字数：238千字
2023年6月第一版　2024年5月第二次印刷
定价：**45.00**元
ISBN 978-7-112-28705-5
　　　（40994）

《旧工业建筑再生利用机理解析》
编写（调研）组

组　　长：李慧民

副 组 长：柴　庆　张广敏

成　　员：
陈　旭	李　勤	武　乾	杨战军	孟　海
贾丽欣	田　卫	张　扬	王孙梦	李文龙
郭　平	刘怡君	张　芳	段品生	田梦堃
尹思琪	王安东	周崇刚	高明哲	张　勇
郭海东	吴思美	裴兴旺	王　莉	陈　博
华　珊	胡　鑫	万婷婷	张家伟	都　晗
陈尼京	王梦钰	吕双宁	彭绍民	王锦烨
余传婷	鄂天畅	代宗育	武仲豪	闫永强
孙　成	吕文浩	熊　雄	熊　登	董美美
李温馨	孟　江	钟兴举	刘亚丽	计亚萍
任秋实	于光玉	龚建飞	王　蓓	郭晓楠

前　言

本书以"旧工业建筑再生利用"为对象，全面系统地阐述了旧工业建筑再生利用的形成及作用机理。全书共分为8章，其中第1章主要梳理了旧工业建筑再生利用机理的发展现状、理论基础和构成框架；第2章主要归纳了旧工业建筑再生利用机理要素、动因和模式；第3～8章分别从既有建（构）筑物、既有道路交通、既有综合管网、生态环境、社会稳定和谐、文化保护传承等方面对"再生要素—再生价值—实现途径—表现形式"进行系统解析，为旧工业建筑再生利用的理论研究和工程实践提供依据。全书内容丰富，逻辑性强，由浅入深，便于操作，具有较强的实用性。

本书主要由李慧民、柴庆、张广敏著写、统稿。各章初稿撰写分工为：第1章由李慧民、李文龙、柴庆撰写；第2章由张广敏、李文龙和柴庆撰写；第3章由张广敏、郭平和王安东撰写；第4章由刘怡君、尹思琪撰写；第5章由李慧民、刘怡君、段品生撰写；第6章由张广敏、王孙梦和张芳撰写；第7章由李文龙、柴庆和田卫撰写；第8章由李慧民、郭平、田梦堃撰写。

本书的撰写得到了国家自然科学基金项目"考虑工序可变的旧工业建筑再生施工扬尘危害风险动态控制方法研究"（批准号：51908452）和"生态安全约束下旧工业区绿色再生机理、测度与评价研究"（批准号：51808424）、北京建筑大学教材建设项目（批准号：C2117）、北京市教育科学"十三五"规划课题"共生理念在历史街区保护规划设计课程中的实践研究"（批准号：CDDB19167）、中国建设教育协会课题"文脉传承在'老城街区保护规划课程'中的实践研究"（批准号：2019061）以及市属高校基本科研业务费项目"基于城市触媒理论的旧工业区绿色再生策略与评定研究"（批准号：X20055）的支持。

此外，本书的撰写得到了西安建筑科技大学、北京建筑大学、中冶建筑研究总院有限公司、西安建筑科大工程技术有限公司、中策北方工程咨询有限公司、柞水金山水休闲养老有限责任公司、西安建筑科技大学华清学院、西安市住房保障和房屋管理局、西安华清科教产业（集团）有限公司等的大力支持与帮助。同时在撰写过程中还参考了许多专家和学者的有关研究成果及文献资料，在此一并向他们表示衷心的感谢！

由于作者水平有限，书中不足之处，敬请广大读者批评指正。

作者
2022年12月于西安

目 录

第1章　旧工业建筑再生利用机理构建基础

1.1　旧工业建筑再生利用机理的发展现状

1.1.1　旧工业建筑再生利用机理内涵

1. 工业建筑

工业建筑是指供人们从事各类生产活动和储存的建筑物和构筑物，包括生产用建筑物、生产辅助用建筑物、动力及设备用建筑物、储藏用建筑物以及运输用建（构）筑物等。按照建筑层数，可分为单层工业建筑、多层工业建筑和层次混合工业建筑。

2. 旧工业建筑

旧工业建筑是指已经建造，至今仍然留存且还具有可利用价值的建（构）筑物。按使用状态可将其分为正在使用的建筑和闲置建筑。正在使用的建筑，是指建筑本身仍具有存在价值和使用功能，但由于建造年代久远，能量和能源耗费太大，影响其正常使用，不能够提供舒适的内部使用环境。闲置建筑，是指建筑虽然具有存在价值但已经失去原有功能，即功能寿命结束，但其结构仍然完整，物质寿命还存在，长期处于空置状态的建筑。闲置建筑包括新建却未曾使用过的烂尾楼，废弃的厂房、仓库、兵营、码头等。

3. 再生利用

再生利用是从古建筑保护延伸的一种新的建筑保护方式。再生利用是在建筑领域由于要创造一种新的使用功能，以一种满足新需求的形式将其原有功能重新延续的行为。旧工业建筑再生利用，使我们可以捕捉建筑过去的价值，对其利用并将其转化成未来的新活力。从建造的基本角度来看，人类建造和使用建筑有两种基本方式：新建和再生利用。新建是在不利用其他原有建筑所含物质内容（结构、材料、设备等）的前提下，用全新的材料在全新的基地上进行的建造活动；而再生利用则是对原有建筑的再次开发利用，它是在原有建筑非全部拆除的前提下，全部或部分利用原有建筑物质与历史文化内容的一种开发方式。旧工业建筑再生利用是通过为旧工业建筑赋予崭新的使用功能，使旧建筑焕发新生机。其实质是在符合社会、经济、文化、环境等整体发展目标的基础上，为旧工业建筑注入新的活力。

旧工业建筑再生利用是指，对失去原有生产功能而被废弃或闲置的工业建筑进行重新利用，使其具备新的功能，满足新的使用要求。由于其对环境友好，节约资源，以及经济性优越，再生利用已经成为目前大中型城市对旧工业建筑进行处理的主要方式。

4. 机理

机理原指机器的构造和工作原理。生物学和医学通过类比借用此词，指生物机体结构组成部分的相互关系，以及期间发生的各种物理、化学性质的变化和相互关系。机理，现已广泛应用于自然现象、社会现象等，指其内部组织和运行变化的规律。旧工业建筑再生利用的机理，是指不同的参与主体相互联系、相互作用所产生的规律。

1.1.2　国外旧工业建筑再生利用机理研究

1. 国外旧工业建筑再生利用的发展阶段

发达国家旧工业建筑的再生利用起步较早，在经历了 20 世纪 50 ～ 60 年代的探索启蒙阶段、20 世纪 70 ～ 80 年代中期的探索转型阶段、20 世纪 80 年代后期至今的成熟阶段后，此类项目的开展由消极保护转变为积极主动的再生利用。

1）探索启蒙阶段：20 世纪 50 ～ 60 年代

20 世纪 60 年代以前，已有历史建筑物的保护观念出现。《雅典宪章》的颁布，肯定了历史建筑对人类和世界文化遗产的重要性，提出历史建筑定义的同时设置评估标准，用以评定具有价值的历史建筑，提出了保护建筑的历史真实性原则。对旧工业建筑再生利用的探索研究最早出现在美国，1965 年美国风景园林大师劳伦斯·哈普林（Lawrence Halprin）提出了建筑的"再循环"理论，并将其应用于美国旧金山的吉拉德里广场的设计中。

2）探索转型阶段：20 世纪 70 ～ 80 年代

1979 年，《巴拉宪章》明确提出了"改造性再利用"的概念。在经济全球化的驱动下，越来越多的城市发展设计思维也在这一时期涌现出来，建筑再生利用作为主要的城市复兴方式，文化多样性原则也随即被提出。城市发展更加强调人与环境的共生，以及对人和历史文化的尊重，城市传统工业建筑和遗址已被认为是城市的一种特殊语言。

3）成熟阶段：20 世纪 80 年代后期至今

1996 年，国际建筑协会第 19 届大会提出对"模糊地段（Wasteland）"，如废弃的工业区、码头、火车站等地段的改造。盖里、福斯特、皮亚诺、赫尔佐格和皮埃尔·德梅隆等国际建筑大师，对于旧工业建筑提出与众不同的见解，即主张对达到服役年限的建筑进行改建或者加固修复，在现有基础上充分利用和发挥建筑的能量。2002 年，国际建筑协会第 21 届大会，将主题定为"资源建筑"，并介绍了鲁尔工业区再生等一系列产业建筑改造的成功案例，使工业建筑的改造与再生实践进一步引起全世界建筑同行的关注。

2. 国外旧工业建筑再生利用的机理研究现状

从旧工业建筑再生利用的三个发展阶段可以看出，人们对旧工业建筑再生利用重要性的认识程度由浅入深，从"历史保护建筑"概念和"再循环"理论的提出，再到保护性建筑的评价和研究，以及城市复兴运动的广泛开展，大批旧工业建筑再生利用项目应运而生。典型的代表有美国的哥罗多利广场设计和德国鲁尔工业区的改造等。

经历了上述三个发展阶段，国外旧工业建筑保护与再生利用的理念和方法已经达到较先进的水平，并且积累了丰富的实践经验，再生利用相关的法律法规的完善程度、再生技术的成熟度以及再生利用模式的多样化程度均较高，对中国旧工业建筑的保护与再生利用有着极为重要的参考价值和借鉴意义。

1.1.3　国内旧工业建筑再生利用机理研究

1. 国内旧工业建筑再生利用的发展阶段

随着我国社会经济的发展和产业布局的调整，城市中心大量的旧工业建筑被废弃或闲置。由于旧工业建筑存在经济、社会、环境及技术价值，旧工业建筑再生利用的理论和实践开始逐步发展起来。我国旧工业建筑再生利用经历了以下三个阶段。

1）第一阶段——萌芽阶段（20 世纪 80 年代初～ 80 年代末）

这一阶段，旧工业建筑再生利用项目常以低水平、简单、自发的形式出现，改造工程规模较小、改造技术不完善、再生手法相对落后，甚至会出现旧工业建筑部分被损毁的现象。

2）第二阶段——发展阶段（20 世纪 90 年代初～ 90 年代中期）

20 世纪 90 年代中前期，随着改造技术逐渐发展，更多具有创造性的元素被注入旧工业建筑的再生利用中。这一阶段是发展和推广阶段，大多数再生利用项目集中在北京和上海等一线城市。企业或个人自发地进行旧工业建筑的再利用，虽然意识到建筑的历史和文化价值，但该阶段的改造仍显得盲目随意。相比于第一个阶段，再生利用的形式和内容都更加多样化。

3）第三阶段——成熟阶段（20 世纪 90 年代后期至今）

20 世纪 90 年代后期至今，旧工业建筑再生利用日益成熟，获得了人们越来越多的关注，除了北京、上海、广州和深圳，其他二三线城市也陆续出现了相关的再生利用项目。政府、企业和个人开始有意识地对旧工业建筑的历史文化价值进行科学保护，并探索多样性的再生对象、再生模式和再生方式。再生对象从仓库、轻工业厂房扩展到重工业厂房和船坞；再生模式有文化创意产业园、博物馆、艺术馆、酒店、办公室、餐馆和学校等；再生方式从内部空间到外部形式逐渐多样化。

2. 国内旧工业建筑再生利用的机理研究现状

从旧工业建筑再生模式角度来看，主要对再生为酒店、博物馆、创意产业园、高校建筑、办公楼、遗址公园等的再生项目分别进行研究，通过分析再生模式确定的影响因素，详细说明其适应性的原因，为旧工业建筑再生模式确定的影响机理提供了理论基础。

从旧工业建筑再生价值角度来看，主要对历史价值、文化价值、经济价值、社会价值、生态价值等影响因素进行阐述，并指出如何在规划设计、施工、运营全过程中更好地发挥旧工业建筑的价值，使旧工业建筑再生后的综合价值最大化，为旧工业建筑再生价值的影响机理提供了理论基础。

从旧工业建筑再生主体角度来看，主要对政府、社会资本、政府与社会资本合作三种类型主体参与旧工业建筑项目的影响因素和设计策略进行阐述，由于不同主体参与的项目不同、利益诉求不同，直接导致各主体参与旧工业建筑再生过程中的战略不同、再生结果不同，为旧工业建筑再生效果的影响机理提供了理论基础。

从旧工业建筑再生设计策略角度来看，主要是结合实践案例对不同再生模式的设计原则、设计内容以及设计评定进行阐述，并指出不同再生模式设计方法的适用范围和注意事项，为旧工业建筑再生设计策略的影响机理提供了理论基础和实践模板。

1.1.4 旧工业建筑再生利用机理研究瓶颈

1. 旧工业建筑再生利用模式单一

目前，旧工业建筑再生利用在市场开发动力及政府引导下，虽然取得了很大的成绩，但再生利用模式主要集中在工业调整、文化建设、城市改造、旅游发展等方面，利用的广度和深度尚有较大的进步空间。同时，在此过程中也存在快速开发式的再生利用和模式复制的问题，原因在于商业开发行为主要追求最大的商业利益，以及政策导向下，地方政府追求政绩所致。

成功的商业模式，是旧工业建筑再生利用后成功运营的基础。因此，对很多地方政府和企业及团体而言，他们借鉴商业的业务复制模式，对已有的成功的旧工业建筑再生利用案例模式进行复制，在一定程度上使旧工业建筑再生利用受到更为广泛的关注，有利于旧工业建筑再生利用观念的推广与普及，使大量的旧工业建筑受到重视，获得再生利用的机会，短期具备较好的前景。因此，如果借鉴商业运作中成功商业模式复制的做法，首先要对成功的旧工业建筑再生利用模式进行创造和提炼，然后通过一定数量旧工业建筑再生利用的复制，进行稳定的建设与推广。

然而，但不同于商业模式，旧工业建筑再生利用成功的模板不易创造，城市政策制定层面和管理层面的支持因素也有所不同。同时，区位与资源是决定旧工业建筑再生利用项目成败的关键。在这些客观物质及环境因素的制约下，不同地域的旧工业建筑再生利用的推进可能无法获得最优的投入，比如区位问题、城市的产业构成问题、新的渠道通畅问题、业态认可度问题等，还有可能无法获得必需的互补性资源。

2. 质量安全缺陷

通过对旧工业建筑再生利用项目的调研发现，项目质量安全方面还存在以下问题：

（1）安全性不足。我国的闲置工业建筑多建于1979年以前，当时标准规范和技术规程不健全，不能与现行标准要求相匹配，建筑在使用损耗、动荷载和混凝土徐变作用下抗震性能不佳、线路老化，如不经检测加固直接使用存在一定安全隐患。

（2）建筑能耗较高。由于工业建筑的功能特性，体量大、层高过高、窗墙比较大，保温材料的使用不符合规范要求，保温隔热性能不佳。

（3）使用舒适度不足。部分再生利用项目受原建筑结构和投资限制，配套不齐全，建筑空间布局不合理，采光、通风、建筑环境较差。

（4）改造造价偏高。除早期自上而下式的再生利用项目，国内部分成功的再生利用项目一味追求工业建筑的噱头，不能很好地控制"去"与"留"的平衡，经历结构修复到重新装修，造价往往高于新建建筑。

3. 管理与评价体系的缺乏

尽管目前对于旧工业建筑再生利用研究及其重要性有了一定的认识，但缺乏系统的再生利用评价体系及对评价方法等相关问题的深入分析。现有的研究多集中在旧工业建筑的规划设计、功能转换、价值分析等相对局部的问题上，缺乏从系统性和整体性角度进行分析。在评价阶段识别评价指标体系、评价标准、评价方法等方面，存在亟待解决的问题。

（1）旧工业建筑再生利用项目已经在国内外大量开展，但是旧工业建筑再生利用项目的实施不同于一般工程建设项目，旧工业建筑再生利用项目的特点和项目实施流程目前还没有系统的总结分析。

（2）对于旧工业建筑再生利用项目实施全过程中的评价阶段没有明确的界定划分。对于旧工业建筑再生利用项目评价没有明确的目的与目标，同时也没有根据其项目自身特点划分评价阶段，这是导致其评价理论体系进一步扩展受到阻碍的原因之一。

（3）对基于可持续发展理论的绿色建筑评价指标体系和奥运建筑评价指标体系，国内外相关领域专家学者已有研究，但是还没有根据旧工业建筑再生利用项目的自身特点，建立旧工业建筑评价指标体系。

（4）目前还没有适用于旧工业建筑再生利用项目的评价标准和评价方法。旧工业建筑再生利用项目有其特有的属性，评价标准确定的实质是项目评价的对照尺度，一旦缺少相应的对照尺度，那么项目评价前期工作就会显得毫无意义。

1.2　旧工业建筑再生利用机理的理论基础

1.2.1　可持续发展理论

1. 基本概念

在我国以往的工程项目建设中，项目参与方重点关注的还是项目的经济效益，相对忽视了项目建设对社会及环境方面的影响，使得由此带来的社会矛盾日益突出、生态环境日益恶化等问题变得再也无法回避。项目建设参与各方已逐渐认识到遵照"循环经济""和谐社会""绿色生态"理念进行工程项目建设的重要性，而这些理念与可持续发展理论的核心思想不谋而合。旧工业建筑再生利用作为城市建设的一项重点工程，从可持续发展角度，对其规划决策、设计、施工以及运营维护进行全过程把控，从经济、社会和环境三维平衡角度寻求新的发展，已成为城市建设发展的新思路。可持续发展是经济、社会、自然环境、技术等相互协调的均衡发展，而这种发展既要能满足当代人的需求，又要不损害后代人的发展权益，各方面在"均衡发展"时，应保证彼此各项指标的向量加和变化呈现单调递增态势（强可持续性发展），或至少其加和变化趋势不是单调递减态势（弱可持续性发展）。

可持续发展理论在不同行业、地区及国家逐步深化，使其理论得以进一步扩充和完善。一般在对可持续发展理论应用的过程中，应遵循以下几项基本原则。

（1）持续性原则

持续性原则的核心思想是人类的经济建设和社会发展不能超越自然资源与生态环境的承载能力。这就要求可持续发展不仅是人与人之间的公平，而且是人与自然之间的公平。自然资源与环境是人类生存和发展的基础，在人类发展过程中应充分考虑对自然资源的耗竭速率与资源的临界性，不以损害地球的大气、水、土壤、生物群体等自然系统为前提。也就是说，人类应当以持续性原则为标准来调整自己的生活方式，限定资源消耗标准，而不是膨胀性生产和过度性消费。一旦自然资源与生态环境遭受严重破坏，发展也会很快随之衰退。

（2）公平性原则

可持续发展的公平性强调两个方面：一是本代人的公平，即代内平等。可持续发展既要满足全体人民的基本需求，还要满足他们对于较好生活的愿望。当今世界的贫富状况不容乐观，极少数人掌握着世界大部分财富，而世界1/5的人口处于贫困状态。这种两极分化的贫富状态不可能实现可持续发展，因此要让世界能够公平地分配和发展，并把消除贫困作为可持续发展进程中的首要问题来考虑。二是代际间的公平，即世代平等。人类赖以生存的自然资源是有限的，本代人不能仅仅为了自己的发展与需求而损害人类生存发展必不可少的条件——自然资源与环境，要给每一代人行使公平利用自然资源与环境的权利。

（3）共同性原则

可持续发展与全球发展息息相关，相互影响也非常大。世界各国历史、经济、文化、科技发展水平不同，可持续发展的目标、策略和实施方法与落实情况也不同，但均以公平性和持续性为基点。为了达到可持续发展的总目标，就必须联合世界各国共同采取能够促进可持续发展的措施，发挥地球的整体性。可持续发展从根本上说就是促进人类与自然、人类与人类之间的和谐关系，这是全人类对自身发展应负的责任。

（4）"3R"原则

"3R"原则是可持续发展的行动规范，"3R"是指 Reduce、Reuse 与 Recycle，即减量化原则、再利用原则和再循环原则。减量化原则体现在对原料和能源经济合理地使用，以达到既定发展目标和生活目标；再利用原则体现在对已经使用过的制造产品和包装容器通过功能再生或者功能转化的方式，以达到多次使用的目的；再循环原则体现在对废弃物的回收、综合利用、将废物再次变成可用资源的过程，同时减少最终废物处理量和成本。要实现从粗犷型、高污染的传统工业社会向集约型、绿色环保的可持续发展社会转型，需要从生产到消费、从生活到理念、从个人到社会的各个方面倡导有利于可持续发展的行为规范和做事准则，"3R"原则恰好满足这一要求。

可持续发展的前提是发展，只有发展产生积极效应，才是真正意义上的发展，才能解决人类当前面临的各种危机。但是，对于不同的国家和地区应该设定不同程度的发展标准。对发展中国家而言，可持续发展的标准应适度降低，保证能在较低的生产力水平下，社会、经济、自然环境等均能稳固地发展。对发达国家而言，其在可持续发展方面面临的问题是进一步完善现行体制与规范，通过对各个领域行为准则与标准进行准确量化，不断提高社会经济发展与生态环境的协调程度。

2. 再生契合性

（1）节省城市资源，减少环境污染

随着城市结构调整、产业升级，旧工业建筑的功能已不能满足城市发展的需求，但是旧工业建筑本身具有历史文化、技术及美学价值。拆除旧工业建筑，不仅浪费一定数量的城市资源，还会产生大量建筑垃圾，对城市环境造成较大的危害。旧工业建筑再生利用是在原有建筑基础上，合理利用既有资源，减少建筑垃圾和建筑成本，同时产生经济效益和社会效益，这与可持续发展理论的思想是相符的。

（2）塑造良好建筑风貌

可持续理论是我国一直推行的政策，旧工业建筑再生利用在可持续理论的指导下才能更好地维持建筑改造后的成效，并尽可能地减少对旧工业建筑的重复伤害。基于对可持续理论的理解，旧工业建筑改造前、改造中及改造后的系统规划和管理，不仅可增加旧工业建筑再生利用后风貌的持久性，对塑造良好城市建筑风貌也能产生较大的积极作用。

（3）促进城市有机更新

建筑更新是城市更新的有机组成部分，因此城市有机更新必须依靠建筑的有机更新与发展。我国在早期的城市更新过程中缺乏科学的理念引导，对城市中旧工业建筑总是采取拆除重建的方式，破坏了城市文脉的维系，忽视了旧工业建筑作为城市资源的重要性，使城市更新建设进入了机械更新的阶段。当人们为此付出巨大代价的时候，开始意识到以旧工业建筑拆除为主要特征的城市更新时代已难以为继，必须寻找一个科学的理论来引导旧工业建筑改造活动，推动建筑更新的有机发展。可持续理论正是在这样的背景下开始被广泛应用于旧工业建筑再生利用中，推动旧工业建筑再生利用向可持续的方向发展，从而推动城市有机更新过程的发展。

1.2.2 城市触媒理论

1. 基本概念

（1）触媒及触媒效应

"触媒"在《辞海》中解释为：①催化剂的旧称；②比喻促进事物变化的媒介。它源自化学术语，即在化学反应中应用的小剂量物质，能够改变或加快反应速率，自身却不被反应掉。之后引申为"加快一个事件或过程的进度，而其本身不发生改变的物质"。"触媒效应"指当"触媒"发生效力时对其周边事物或环境产生影响的状况。"触媒"本身是可以被识别的，其作用效果是能够被预期的，并且作用具有方向性。"触媒"概念在社会学、物理学、经济学中都有应用。

（2）城市触媒理论

城市触媒（Urban Catalyst）是 1989 年美国建筑师韦恩·奥图（Wayne Attoe）与唐·洛干（Donn Logan）在《美国都市建筑——城市设计的触媒》(American Urban Architecture—Catalysts in the Design of Cities) 中首先提出的概念。通过与化学反应作类比，他们把"触媒"概念引入城市设计中，旨在解决美国的城市问题。书中将"城市触媒"定义为："策略性地植入新元素可以提升城市中心现有的元素且不需完全地更改它们，而且当触媒激起这样的效应时，它也影响了相继引进的都市元素的特点、外观与品质。"

（3）城市触媒理论的基本思想

1）植入新元素（触媒）引发了在区域中更改现存元素的反应。

2）触媒能提高原有元素的价值或促使其做有利的转变，新元素无需铲除或降低旧元素，反而能够拯救它们。

3）触媒反应是能够被把控的，而且触媒反应不会毁坏其城市背景内涵；只是释放它的力量还远远不够，触媒的影响必须是可以加以引导的。

4）为了得到一个积极的、合理的与可预期的触媒反应，需要了解所在区域的背景内涵和文脉。

5）触媒反应的化学特质是可以预料的，没有唯一的公式可以应用于全部的环境之中，而且不是全部的触媒反应都是相同的。

6）触媒设计是策略性的，它的改变不是简单的干涉可以得到的，而是通过合理的预算去影响未来城市的品质和外观。

7）产品整体比元素的总和要好。每个单独的触媒反应的目的是形成超出各元素综合的更大的反应，将城市想象为整体而非独立片段的简单叠加。

8）触媒在反应中并不会被摧毁掉，而是能够被明确辨别的。当它融合为整体的一部分时，仍可以被识别并与旧元素共生共存，丰富城市的内涵。

归纳起来，城市触媒理论的目的是"促使城市结构持久与渐进的改革"，最重要的是，"触媒并非单一的最终产品，而是一个可以刺激与引导后续开发的元素"。其核心是在城市原有状态下，不用彻底更新，而是通过策略性地局部介入适当的触媒新元素，在新旧元素的相互作用中促进周边区域局部更新，并继续指引、激发和控制之后植入的城市元素的特征和形式，从而激发更大规模的城市更新。城市触媒理论着重强调城市的发展是渐进的、可持续的，城市元素和城市整体要均衡地发展；它创造了一种循序渐进的达到城市更新目标的方法，通过介入城市触媒新要素，指引和激发城市的后续发展。

（4）城市触媒理论特点

1）系统层次性

触媒自身具有很高的层次性和系统性，城市触媒的具体反应中同样具有大小、等级、层次之分。由于各触媒项目的影响度和重要度不一样，从而导致其对周围环境的刺激力度也有层次差别；其作用力与空间距离呈正相关，但是这些触媒要素又隶属于城市整个系统。

2）整体关联性

城市触媒理论的整体关联性指触媒元素时刻注意着其与周边的关联性，通过其对周边环境的影响程度进行下一步的修正设计。如果是积极影响，就会进一步介入新元素；反之，则会在下一步避免出现这种消极影响。此外，触媒的影响是和周边环境整体相互关联而存在的。

3）文脉持续性

城市触媒理论强调渐进、持续的更新，这里的持续性不仅指更新过程的持续性，还包括城市历史文化的持续性。为了保证积极、合理的触媒反应，一定要率先考量并理解更新项目，了解和保护其背景内涵，促进文脉的延续。

4）小量局部性

城市触媒理论的最大特点就是创造出一种小量的、局部的城市设计，反对大拆大建。新元素的介入不需摧毁或贬低旧元素，通过局部介入城市更新，实现循序渐进地激发区域反应，依其局部的影响进行修正和控制城市触媒的反应。

5）渐进过程性

城市触媒理论的目的就是促进城市进行持续与渐进的更新，它追求的是一种循序渐进的城市设计实施方法，强调触媒并非单一产品，而是一个可以指引和刺激后续开发的、具有动态过程性的元素。其实质是一个城市平衡系统的再建立过程，这个过程不是一步完成的，而是一个渐进过程性的逐步完成，它反对城市更新的急功近利。

（5）城市触媒理论运作机制

在具体实践应用中，城市触媒理论的运作机制分为三个步骤：确定原始触媒点、塑造触媒媒介和塑造触媒效应。

1）确定原始触媒点

确定原始触媒点在整个触媒过程中非常重要，它将直接影响触媒反应的过程和触媒效应的正负结果。原始触媒点其实就是能够激发或启动城市设计更新时序的启动性项目，相当于一个示范性的旗舰项目，它的选取一般是基于现状资源的分析，选择具有活力因素的实体。通过确定原始触媒点，使其激发周边环境，提升城市活力。

2）塑造触媒媒介

原始触媒点确定后，其触媒效应仅作用于邻近的元素，还必须通过触媒媒介才能发挥更大的效应。塑造触媒媒介的目的，就是利用策略性的城市设计引起联动效应，改变其内在属性和外部条件，促使相邻元素的价值做有力的转变。塑造触媒媒介，本质上就是重塑城市空间形态（如建筑、公共空间、交通等），依据原始触媒点的空间分布，通过媒介的塑造强化这些触媒点之间的相互作用，从而引发更大范围的触媒效应，渐进式地推动城市整体空间形态的更新。塑造触媒媒介还将改善触媒环境的空间组织结构，不同层级的触媒元素承担着不同的作用，通过媒介的塑造可以使这些触媒要素形成很好的整体空间格局，不但可以引发触媒元素更大的联动效应，还可以使不同级别的元素之间的作用力得到发挥，形成积极的触媒联动效应。

3）塑造触媒效应

当触媒反应完成后，必须通过策略性地塑造触媒效应来控制它的作用方向，引导触媒反应持续、积极地发生，使它的影响更为持久，带动城市渐进更新。

2. 再生契合性

（1）丰富旧工业建筑再生功能定位

目前，城市旧工业建筑所属地段多为城市重要地段，土地利用率低。旧工业建筑再生利用项目多存在功能单一、与周边环境孤立的现象，主要是因为只考虑了土地的存量利用和旧工业建筑的活化利用，或单纯地模仿大城市成功的再生利用模式，而不考虑是否符合城市的发展，与城市周边环境缺乏连接，大大降低了旧工业建筑再生利用的效果。城市触媒理论本身具有很高的系统性和层次性，并强调整体的关联性与协调性，不仅考虑旧工业建筑再生利用项目的自身发展，更强调再生利用项目在城市发展中的角色和意义。因此，在城市触媒理论的指导下，结合城市的定位和特色进行旧工业建筑再生利用规划设计，形成一个完整的空间形态结构，对于周边环境的提升与城市的发展具有重大意义。

（2）优化旧工业建筑再生进程

早期，旧工业建筑再生利用主要以大拆大建、房地产开发的方式进行，随着土地转让金的增加，开发商为了早日收回成本，追求短期经济效益，将旧工业建筑全部推倒重建，破坏严重。此外，旧工业建筑再生利用过程中，由于主导者急功近利地追求经济利益或政府业绩，盲目照抄其他城市的再生项目，忽略了城市本身的特色，导致城市间千篇一律或者项目不适应本城市的发展，类似这样造成项目失败的案例数不胜数。而城市触媒理论具有小量局部性和渐进逐步性的特点，强调的是小量、局部的设计，采用少量的触媒从局部介入，动态地参与再生过程，有利于旧工业建筑在触媒能量的传递过程中不断修正。这种方式具有规模小、速度渐变、成本投入较少的优点，在触媒反应较好的情况下可以进行下一步投资；若触媒反应不好，就修正触媒点，从而形成一个良性循环。

（3）助力旧工业建筑历史文脉传承

由于起初对旧工业建筑的价值认识不足，过于追求经济效益，大量的旧工业建筑被闲置或拆除，造成城市面貌千篇一律，失去了城市特色，历史文化氛围缺失。而触媒理论的特点是强调逐步、持续更新，首先对触媒物进行深入了解和分析，明确其内涵及与周边环境的关系，形成积极且合理的触媒反应。城市触媒理论指导下的触媒反应，只是改变其周边的外在条件，并不会损害原有的物质，所以旧工业建筑的历史价值能够得到保护，实现历史文脉的传承。

1.2.3　城市经营管理理论

1. 基本概念

（1）城市经营管理内涵

城市经营管理是指凭借市场机制，以提升城市功能、城市竞争力和可持续发展为目标，由政府主导，私营企业、第三部门和社会公众共同参与的多元主体对城市公共资源进行配置和重组的市场化过程，同时也是政府行为的规范过程。

城市经营管理的内涵包含以下内容：其一，城市经营管理最初是为突破城市建设的瓶颈，运用市场经济机制筹集城市建设资金的一种思路，随后演变为中国城市管理与城市建设的崭新模式；其二，城市经营管理是一种新的城市政府管理模式，是中国城市政府职能的重要内容；其三，城市经营管理的提出和发展实质上是对城市政府的反思，即城市政府如何适应经济全球化和激烈竞争的要求并做出相应的转型；其四，城市经营管理具有一定的边界，城市发展的诸多事情和城市政府的转型不能全部包括在城市经营管理中。

（2）城市经营管理目标

城市经营管理目标是以"政府主导、企业组织与市民参与"的方式对城市可经营性资源进行市场化配置，完善城市功能，优化产业结构，与时俱进地优化投资环境、营造适宜的人居环境，提升城市竞争力，从而达到城市可持续发展的目的。

2. 再生契合性

(1) 经济环境分析

旧工业建筑多处于城市中心位置，随着城市结构化调整、产业结构升级，已不能适应城市发展，且影响城市地区风貌。旧工业建筑再生利用涉及的主体较多，利益面较广。一方面，旧工业建筑再生利用为城市经营管理提供了一种可行的策略，是符合当前我国城市更新的发展之路，可实现经济利益、社会利益、生态利益共同发展的目标。另一方面，旧工业建筑再生利用有政府参与，可纳入更高层次的城市规划设计战略，具有相应的政策支持。

(2) 理论与实践协同发展

城市经营作为一种促进城市建设发展的实践方式，是城市规划建设管理机制的改革。城市经营活动总体从制度改革、运作两个层面展开。从制度改革层面讲，城市经营理论起源于 1988 年关于土地使用权出让转让的宪法修正案，之后逐步建立并完善了城市建设投融资改革、基础设施市场化、城市管理改革等一系列制度。从运作层面讲，可以分为战略经营和经营运作。战略经营包括制定和调整城市发展战略、进行城市营销，目标主要是提升城市综合竞争力；经营运作主要是通过市场机制，采用城市建设管理市场化和资本运营与资产经营的方式，推动城市建设发展。旧工业建筑再生利用是在城市产业转型、结构调整的背景下，探索未来的发展方向，这也正是城市经营实践的体现。通过各种政策制度、战略规划、市场运作、城市宣传等，对旧工业建筑进行再生利用，促进城市发展与繁荣，进而展示城市名片。

1.2.4 共生思想理论

1. 基本概念

(1) 圣域

圣域是指某一人群特有的生活方式、宗教习俗、自尊心、禁忌或语言等文化传统根基的综合。在日本，圣域被比喻为长久以来把稻米作为主食的情感和由此发展的稻米文化；在印度，圣域可以理解为牛之于印度教信徒的神圣不可侵犯；对于中国人来说，圣域可以理解为儒家思想对道德观念、生活方式等方面深入骨髓的影响。若一味追求经济或其他利益而忽略"圣域"的存在，会伤害对方的自尊和感情，造成不可预估的影响。

共生思想之所以能被广泛地引用和传播，正是因为承认不同文化、对立的双方、异质要素之间存在着"圣域"，并表示尊敬。一方的个性和地域性传统文化中的"圣域"可能是个未知领域，也可能对另一方含有不合理的要素，所以，才更有必要对这种"圣域"表示敬意和维护，这样有助于构筑牢靠的共生秩序。

(2) 中间领域

中间领域具有两个特点，一是相互对立的两者之间，一定能够找到可以互相达成共识的部分，也就是双方的契合点；二是暧昧性与多义性，通过寻找对立双方的共通领域来达成共识。

契合点对应到旧工业建筑再生利用中，是指旧工业建筑具备转换为其他建筑类型的要素，主要体现在旧工业建筑本身的质量、价值、空间特点等。对于旧工业建筑再生利用，暧昧性与多义性是指新旧建筑或新旧元素相互融合交织、难分彼此的特性，主要体现在内部空间改造、建筑立面改造、建筑结构改造以及外部空间改造等方面。

（3）"道"的复权

与西方传统城市不同，东方传统城市通常没有广场，取而代之的是"街道"。西方的节日庆典以在广场上聚集庆祝为主，而东方则是以游行庆贺为主，由此发展出了东方独有的"道"文化。从"街头问斩""街头说法""街头占卜"等传统词汇中，能够看出东方的"道"不仅承担了交通功能，还承担了生活空间的功能。"道"的两侧是东方传统的木结构房屋，通透的格子窗与檐下空间使得东方的"道"变成了市民生活的场所；夏夜的"道"上充满了纳凉的人，透过格子窗与室内的人谈笑风生，"道"空间连接起私密的生活空间与城市空间。西方的"道"则是作为交通功能使用。西方的城市公共设施是围绕广场设置的，而东方是沿着道路设置的，并且西方的道路与沿着道路的建筑之间往往隔着厚重的石墙，彼此之间没有交流，道路、住宅、庭院以及广场的功能都是被严格限定的。广场和道路作为城市活动交流空间，最大的区别在于，道路是流动的、共存的，贯通于"道"的建筑之间，使人们认识到流动生活的价值。

2. 再生契合性

（1）共生思想为旧工业建筑再生利用的矛盾解决提供了新思路

共生思想中，"存在"就是一个和谐的、密不可分的共生整体。因此，共生思想具备广阔的思想视域——所有敌对关系、相生相克关系，实际上皆是基于限定时空，是某一层面的描述。只要将原来的敌对或相生相克关系放在更高层次，从更为宽广的领域来予以透彻考察，就会发现这些关系都可以被共生关系所包含，即任何存在都是有对立面的，但是此对立是有限度的，所有的对立在逻辑上都会指向和解，也就是重新结合成另一个统一体的可能性。旧工业建筑再生利用中，传统与现代的融合，传承与创新的联结，保护与利用等，只要梳理清楚两者之间的关系和矛盾，分析共同点，找出其中的平衡点就可达成和谐共存的关系，即所谓"共生"。

（2）"共生"思想为旧工业建筑再生利用提供了可遵循的价值理念

共生思想从来都不是利益的对立面，恰恰相反，"共生"是谋求价值最大化的最佳方法。在共生视野下，利益并不存在于别处，而存在于共生关系本身。旧工业建筑再生利用的价值，是集历史、文化、社会、经济、生态等于一体的综合价值的最大化。如果单纯地追求经济效益，则会导致旧工业建筑再生利用中的唯利益论，甚至会因追求经济效益而忽略旧工业建筑再利用的初衷。共生思想为旧工业建筑再生利用去纯经济利益化，但又不完全放弃经济利益提供了理论支持。从长远来看，只有平衡相互之间的关系，以人为本，实现综合利益最大化，对价值提升进行全面衡量，循序渐进地发展旧工业建筑的再生利用，才能成功。

（3）共生思想与旧工业建筑再生利用中"先保护、再创新性利用"的设计理念相吻合

共生理念强调直面矛盾所在，积极地避免矛盾恶化并使矛盾朝着事物最有利的方向发展，而这一过程需要通过创造力来推进，并且是建立在尊重事物存在的基础上。因此，"共生"实际上可以视为一种寻求和解的技术，主要落脚点在于不同事物优化组合为全新主体。在创造性解决对立或者敌对关系中，尤其要注重兼顾时空与事物之间的关系。这明确了必须通过创造来实现历史建筑的再生，历史建筑必然会经历空间功能、物理效能的落后，要摆脱这一落后的状态，改变是唯一的出路。旧工业建筑再生利用同样如此。旧工业建筑的核心价值在于工业生产记忆的传承，而不是简单的建筑保护。旧工业建筑再生利用中，应该将旧工业建筑的价值与城市内涵相结合、保护与城市发展相结合，通过绿色建筑、新技术等元素的引入进行主动创新，实现新与旧共生、传统与创新共生，使建筑重新与城市规划发展相结合。只有通过传承和创新，旧工业建筑才能由衰而兴，化朽为奇。

（4）"共生"影响下的设计理论可指导旧工业建筑再生利用的实践

"共生"不仅是思想层面上的一种指引，其本身也具有极高的实践价值。理论支持实践，实践需要理论检验。基于"共生"思想的改造实践，在中国古代已形成一套体系，其空间关联、氛围塑造、材质运用和形制逻辑等都成为"共生理念"运用于再生实践的理论基础。同样，在西方当代建筑思潮中，建筑类型学、现象学等一系列成熟的设计理论，都有助于旧工业建筑再生利用寻找空间原型和结构。从空间感知建立人、建筑与环境的内在联系，提供相对具体且可行的空间操作指引，这些空间操作需要结合项目的特点进行灵活使用，从而为我国旧工业建筑再生利用的规划设计、施工及运营提供模板和实践参考。

1.2.5 韧性理论

1. 基本概念

（1）韧性的定义及发展

"韧性"一词最早由亚历山大从语源学角度提出，来源于拉丁文 resilio，英文为 resilience，本意是指"回复到原始状态"，即描述一种能够轻松或迅速地从干扰和危机中恢复到原始状态的能力。

韧性最早作为物理学与数学领域的专业术语，伴随西方工业发展的进程被应用于机械等专业，生态学家霍林将这种狭义上的韧性称为"工程韧性"，认为它强调的是保持系

统稳定的能力，将系统的反应与变化维持在可控范围之内。

1973 年，霍林将韧性的概念引入生态学，同时对工程学韧性和生态学韧性的概念进行了区分。工程学韧性集中于受扰动后的系统能够快速有效地恢复到正常运行状态，关注的重点是简单系统的恒定性、可预测性和恢复到正常状态的效率。在生态学中，韧性被认为是在灾害中吸收、适应变化的能力，强调系统有可能会经历重大的波动，且能够在波动中依然存在；韧性系统关注非线性、持久性、变化性和不可预测性等特征。

由于对系统构成和变化机制认知的进一步加深，学者们在生态韧性的基础上又提出了一种全新的韧性观点，即演进韧性。演进韧性强调韧性不是回归到常态，而是指复杂的社会—生态系统在应对内外压力和张力时能够变化、适应以及转换的能力。演进韧性中，系统被认为是复杂的、非线性的和自组织的，充满了不确定性和不连续性，部分学者将其称为社会—生态韧性。在社会生态系统中，韧性是指吸收不确定干扰的能力，以及通过自主学习和重组创新以寻求动态平衡状态的适应能力。因此，以社会生态学为基础，韧性系统是复杂的、自组织的、不确定性的，并且由于人类具有学习、适应、预测和采取预防措施的能力，使得系统抵抗灾害不再是被动的，而是通过人类的活动可以直接、主动地抵御和适应灾害。

(2) 韧性的特征

布鲁诺教授在 2003 年首次提出以"4R—TOSE"概念框架来定义社区的抗震韧性，并将抗震韧性概念化为物理系统和社会系统抵御地震产生危害的能力。他认为韧性系统应该具有减少故障概率、减少失败造成的后果以及减少恢复时间的特征，并尝试采用量化的方式衡量社区在遭遇地震之后的韧性。因此，他认为韧性系统的定义由"4R"——鲁棒性 (Robustness)、冗余性 (Redundancy)、智慧性 (Resourceful) 和快速性 (Rapidity) 四个属性特征组成，并将其纳入社区的四个"TOSE"维度——技术韧性 (Technical)、组织韧性 (Organization)、社会韧性 (Society) 和经济韧性 (Economic)，以衡量社区的韧性程度。

1) 鲁棒性

鲁棒性是韧性系统的目标性特征，可用来测度系统的总体强度，即抵抗外部压力的能力。具体表现为系统能够承受既定的水平压力而不会出现功能衰退或丧失的能力。当系统受到扰动冲击时，鲁棒性被视为衡量系统能否复原的关键，只需要对系统的鲁棒性进行测度，即可反映系统的韧性程度。若系统具有鲁棒性，也就是拥有了应对扰动、能够防止系统崩溃的底线。在这个阶段，系统将减小失败的概率，损失也将逐渐减少，通过调动已有资源等措施，使系统维持现有水平或恢复到原有水平，系统从而具有重新焕发活力的机会。

2) 冗余性

冗余性是韧性系统的措施性特征，通常表示使系统具有韧性的手段。冗余性反映系统是否存在可用的相似功能组件，并强调跨尺度的多样性和功能可复制性。即当系统受到干扰和冲击导致部分要素无法正常工作时，可以有其他单元组件进行替换，依然能够保障必要的服务功能，且系统仍能依靠其他组件正常运转，避免全盘失效。目前，冗余性多用于基础设施建设，强调设施的模块化和多样性，通过在时间和空间两个维度上分担风险，减少扰动状态下造成的损失。当城市系统的某项主要功能仅依靠单一系统来提供时，更容易受到冲击、出现故障，从扰动中恢复的能力就更差；而当同样的功能由分散化或模块化的系统提供时，其对干扰动具有更强的恢复力。

3）智慧性

智慧性与冗余性相同，均为韧性系统的措施性特征，是提高系统韧性的手段。智慧性表示系统在受到冲击和破坏时，决策者能够通过对资源的调动、利用和响应，使其恢复并超越其原有状态的能力。在此特征下，必须要求系统具备一定的资源储备，包括空间资源、人力资源、文化资源等，以满足既定的优先事项并实现目标。智慧性体现在社会和组织层面，强调通过组织协调性、网络化的组织形式以及创造力等提高系统恢复的效率，并可能发展地更好。这反映的是一种资源储备能力，强大的社会资本通过对相关失败经验的总结、学习，促使系统飞跃发展。

4）快速性

快速性是韧性系统的目标性特征，被认为是衡量系统韧性的关键，具有时间属性。快速性表示系统遭到冲击和干扰后，能够及时做出反应，使得系统能够快速抑制损失和恢复功能的能力。快速性多用于衡量重大自然灾害下系统的韧性，如地震、洪水、飓风等，使系统能够及时遏制和减少损失。要使系统具有快速反应能力，需要冗余性和智慧性来共同实现。

2. 再生契合性

（1）改造过程中的可变性

从城市韧性理论中的发展动态性来看，旧工业建筑的再生利用应是一系列发展过程而非一个结论。再生利用是弹性的，根据环境、政策、经济条件的变化而变化，在保证整体符合预期发展目标的同时，也存在着一定的随机性。再生利用分为整体开发和分期建设两部分。整体开发应在对基地和城市周边的地理、经济、社会环境的分析之后确定发展方向和策略；分期建设时，其改造内容、方法、策略需要随着环境的变化而不断作出调整，以提高城市发展韧性。

（2）控制冗余度提高经济韧性

由于资源型城市工业土地利用率较低的特殊性，无论旧工业建筑再生利用选择"工改工""工改产"还是"工改商"等方向，皆面临着扩容的挑战。在可持续发展的前提下，应留有适当冗余度，适当扩容，提高利用率，以增加城市的经济韧性。扩容手法包括建筑内部插层、建筑外部插层或扩建、适当开发地下空间，对建筑空间或工业堆场等闲置地进行整合新建等。

（3）文化传承提高社会韧性

旧工业厂区内的场地，除可在消防规范和开发强度控制要求下进行适当加建外，厂区内原有的道路、广场、标识、标志物等，均可结合场所精神进行二次设计和利用。将工业文化的独特性融入新的空间形态之中，将独特的自然地理风貌、历史文化、风土人情等组成的城市文化融入新的活动内容之中，对其场所精神进行再利用，体现出长久发展形成的城市工业文明，从而激发城市居民的共鸣和认同，增加旧工业建筑再生利用的影响力、吸引力和凝聚力，提高城市的社会韧性。

（4）生态修复提高城市生态韧性

生态修复是指对旧工业厂区内部和周边区域的生态环境进行修复。比如，对资源过度开发地段进行回填，防止塌陷、泥石流等灾害的发生；对于断崖、深坑等回填困难的地段进行加固，并增设安全防护设施后再利用；受污染的土壤需采用移除、覆盖或替换部分土壤等手段进行生态恢复处理；厂区内部及周边水系需进行水质检测，对于受污染的水源需经过净化处理再利用为水体景观。对于旧工业厂区中留下的废料及设备等，确认其无毒、无污染、无辐射作用后，可作为工业景观保留和再利用。通过一系列的景观生态改造，可提升环境品质，打造独特的资源型城市工业景观，提高城市生态韧性。

1.3　旧工业建筑再生利用机理的构成框架

旧工业建筑再生利用是一个复杂的过程，相较于新建建筑，其具有前期工作繁琐、涉及利益方较多、基础资料不全等特点，因此对旧工业建筑再生利用的机理分析尤为重要。本书从形成机理和作用机理两方面解析旧工业建筑再生利用机理。形成机理对应旧工业建筑再生利用策划阶段，作用机理对应旧工业建筑再生利用规划、设计、施工、运营及效果评价阶段。因此，主要从旧工业建筑再生利用的要素、再生价值两方面来阐述形成机理；通过对旧工业建筑再生利用过程的分析来论述其作用机理。

根据旧工业建筑再生利用的要素和价值，潜在开发商对其进行详细的可行性分析，确定是否进行项目开发。如果项目可行，可开展开发模式和再生模式规划，从而进行旧工业建筑再生利用的设计、施工和运营，最后完成项目效果评价，并依据项目效果评价及时反馈。如果将各主体的作用看作力，旧工业建筑再生利用相当于以"初始动力的催化—力的相互作用—各作用力合成—力的效应"这一过程，实现建筑的功能再生和活力重塑。旧工业建筑再生利用机理流程如图 1.1 所示，旧工业建筑再生利用工作流程如图 1.2 所示。

旧工业建筑再生利用价值评价

物质要素　　　非物质要素

初始动力
- 规划驱动
- 社会驱动
- 事件驱动
- 文化驱动
- 环境驱动
- 经济驱动

驱动力　←→　参与方

力的相互作用
- 政府
- 社会资本
- 公众
- 相关服务业

确定开发模式

确定再生模式
（功能重构）

各作用力合成
- 既有建（构）筑物再生
- 既有综合管网再生
- 既有道路交通再生

再生设计策略

- 生态环境绿色再生
- 社会稳定和谐
- 文化价值保护传承

实现再生

力的效应
再生效果影响

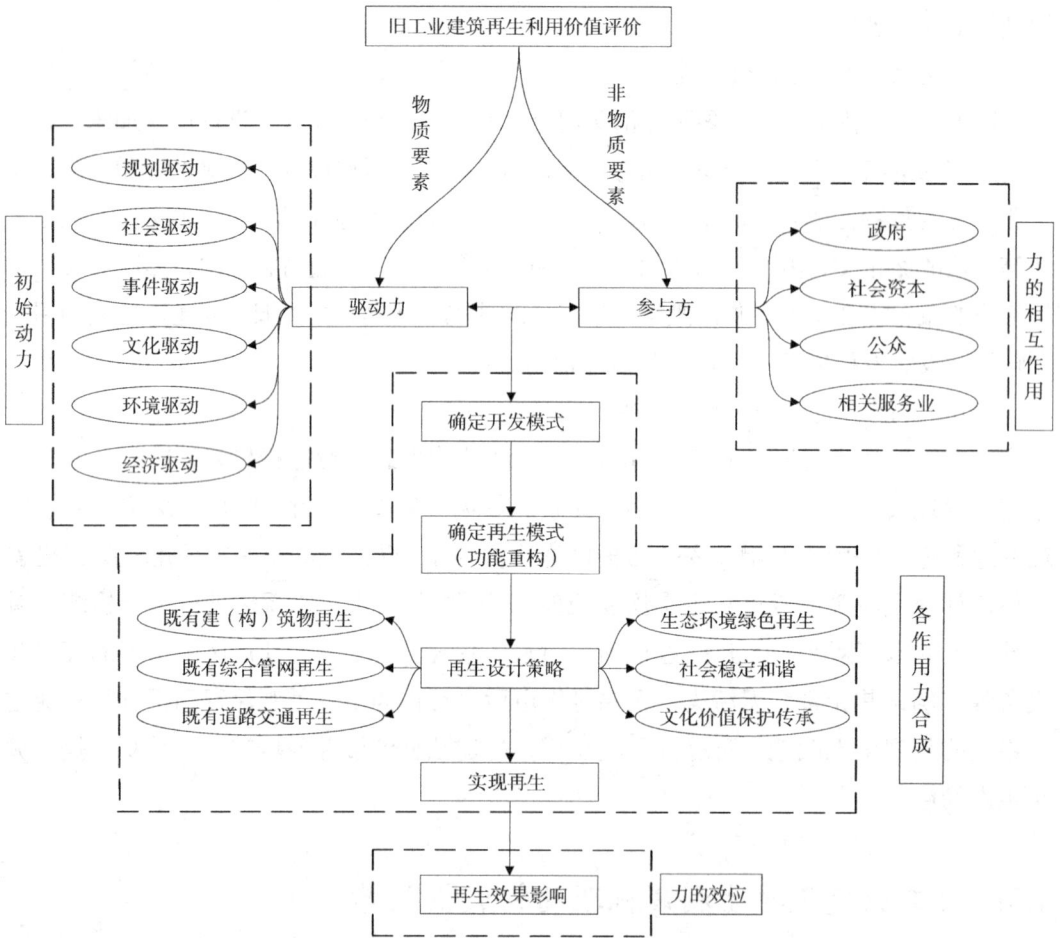

图 1.1　旧工业建筑再生利用机理流程

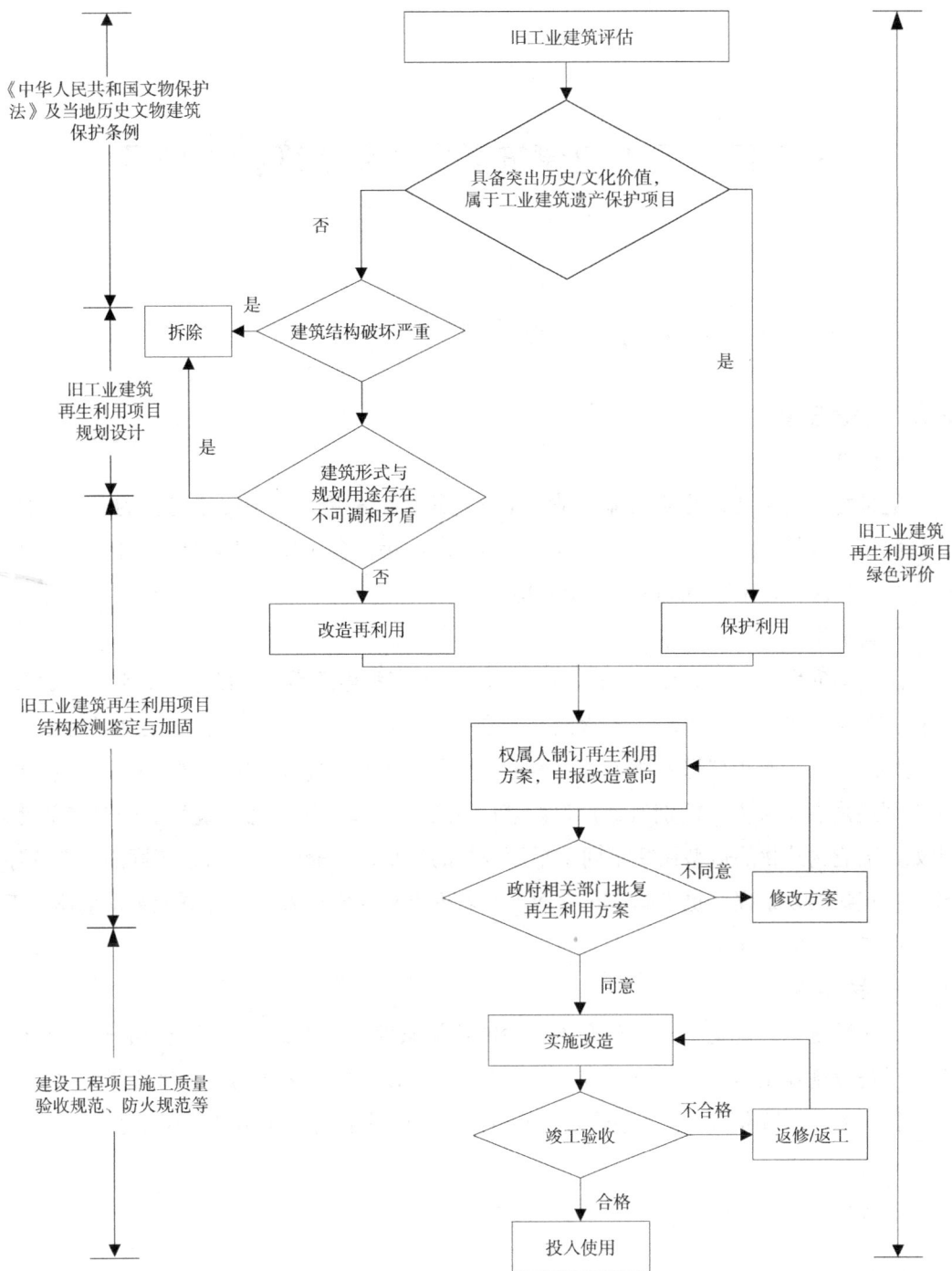

图 1.2　旧工业建筑再生利用工作流程

第2章 旧工业建筑再生利用机理构建内涵

2.1 旧工业建筑再生利用机理要素

2.1.1 物质要素

1. 建筑物

建筑物作为重要的物质载体，是旧工业建筑再生利用过程中必不可少的组成部分。建筑物不仅包括生产、储存、运输等功能为主的厂房、仓库等，还包括承担旧工业厂区内办公、餐饮、居住等功能的其他辅助用房。

2. 构筑物

工业构筑物一般是指人们不直接在其内进行生产和生活活动的设施，如水塔、烟囱、栈桥、码头、堤坝、挡土墙、蓄水池和囤仓等，一般没有建筑面积。从某种意义上讲，工业构筑物与工业建筑都体现了一定的时代性和地域性，具有一定的文化价值。然而两者之间还是有本质上的区别，通过对两者的比较，可以发现工业构筑物的一些特殊性，比如，工业构筑物的造型往往不同于平面规整的厂房，一般较为独特，不同的工艺程序导致构筑物的复杂程度也不同，在立面上有着更丰富的建筑表达，也更能生动地体现工业文明特征和生产特征。

3. 设备设施

工业设备和设施是工业生产必不可少的物质条件，随着部分工矿企业的破产倒闭，不少设备设施停止运作，在资产清理中，不少生产设备由于工艺落后或者维护不当，难以再投入生产，昂贵的清理和运输费用使废弃的生产设备成为可以被利用的对象。

4. 公共空间

公共空间大致可被分为开放空间、街道、灰空间三种类型。

（1）开放空间

旧工业厂区在过去的规划中，为使工艺流程明了便捷，缩短运输路径，建筑实体往往占据着空间的主要地位。相比之下，开放空间成为被建筑挤出来的"负区域"，显得相当消极，地面广场、庭院、建筑入口广场、绿地景观等城市中常见的开放空间在旧工业厂区内十分少见。然而，正是这种空间特质，赋予了开放空间有别于城市的界面多样性，从延伸几百米的建筑立面，到只容弯身进入的狭小通道，再到碎石堆积的储料池，这些空间都有其独特的感染力。

（2）街道

旧工业厂区中的街道以高效和实用为主，由于机械运输需求，在街道形态和尺度上也往往有别于城市道路。旧工业建筑再生利用应遵循有机更新原则，结合原有街道构架进行流线设计，从而在一定程度上对旧工业厂区的生产状态进行场景再现与还原。

（3）灰空间

灰空间多依附建筑和设备而形成，相比大尺度的开放空间，在建筑架空层、底层空间、柱廊和中庭内，往往容易形成更接近人体尺度的感官感受，同时形成与物质实体更亲近的距离。通过对灰空间的筛选和再生利用，易于建立人与物质空间环境的深层对话。

2.1.2　非物质要素

1. 区位要素

区位作为城市发展考虑的先决因素，决定了城市的发展方向与发展格局。城市旧工业建筑所处地段在城市的发展与扩张作用下，如今已成为城市中心区的一部分，具备良好的区位优势与发展潜力。

2. 城市文化

城市文化是一个综合的概念，涵盖了城市的历史文化、政治文化、宗教习俗、风土人情以及它们在城市形态上的具体体现。作为一个区域性的文化概念，它对旧工业建筑再生利用的影响作用主要体现在两方面。一方面，城市文化可以渗入式地影响旧工业建筑再生利用的文化品质。随着区域更新和改造，城市文化往往可以自发地以多种方式融入旧工业建筑再生利用的空间形态和活动方式中，进而为一个区域烙上城市文明的印记。另一方面，旧工业建筑再生利用具有整合城市文化使之成为产品的潜力，通过文化产业、旅游等手段，发挥产品的正向效应。

3. 场所精神

一个场所具有的区别于其他场所的整体气氛，通常被称作场所感，它也常以拉丁词语"场所精神"来描述，意为人们能够超越场所的物质或感官属性来体验事物，并对场所的精神产生依附感。场所精神的建立需要环境和情感两个层次的认同，环境的作用在于"定向"，而情感上的认同决定了对环境的深层认知，它使人产生归属感，即产生强烈而明确地属于某一地方的感觉。

4. 工业文化

工业大生产时期作为城市发展的一个特定阶段，代表了一个时代人民的智慧、勤劳和勇气，虽然不少旧工业建筑已经失去了其原有的功能，但这些遗留下来的生产厂房、备料场地、运输管道等，无不承载着历史的痕迹，积淀了深厚的文化底蕴。

在建筑学范畴内，工业建筑有着比民用建筑更接近建筑本质的审美特质，工业建筑和工业空间所表现的美学张力，以及在后续开发中所呈现的艺术感和文化性正逐步得到市民的认可。

2.2 旧工业建筑再生利用的动因

2.2.1 旧工业建筑再生利用价值

1. 历史价值

旧工业建筑是工业文明的产物，也是一个国家经济发展历史和人类工业活动的记载，记录着这个城市的发展。因此，旧工业建筑再生利用有助于保存城市与建筑环境中的工业化时代特征，有助于保持建筑与城市实体环境的历史延续性和增强城市发展的历史厚重感。据此，旧工业建筑再生利用的历史影响包括与历史事件及人物相关性影响、城市产业史上的重要性影响和历史延续性影响。

2. 文化价值

旧工业建筑记载着城市发展历史，其环境和场所文化能够唤起人们的回忆和憧憬，人们因他们自身所处场所的共同经历而产生认同感和归属感。旧工业建筑再生利用可一定程度地影响人们对场所文化的认同感和归属感。

作为 20 世纪城市发展重要组成部分的旧工业建筑，记载了工业时代和后工业时代历史的发展演变以及社会的文化价值取向，是其产业文化的代表。旧工业建筑再生利用的文化影响包括人们对场所文化的认同感和归属感、民族认同度与民族宗教信仰的影响和产业文化的影响。

3. 经济价值

旧工业建筑能够顺利开展再生利用的主要因素之一是其具有较高的经济价值。旧工业建筑再生利用是对废弃或即将废弃的旧工业建筑进行重新开发和再生利用，以发挥其剩余的经济价值，同时也能带动或促进所在区域的经济发展和产业结构的调整。整体来说，旧工业建筑再生利用的经济效益可以分为项目自身的经济效益和项目促进区域经济发展两个方面。

4. 社会价值

旧工业建筑再生利用的社会价值体现在社会经济发展和社会稳定方面有形和无形的效益与影响，以及对所在区域乃至国家社会发展目标的贡献和影响。总体上，旧工业建筑再生利用的社会价值主要包括社会稳定及发展的影响、周边环境影响两个方面。

5. 生态价值

生态平衡和环境健康是目前社会可持续发展的两大主题。旧工业建筑再生利用会对生态环境造成一定的影响，包括对自然环境和人工环境的影响，并以各种形态在一定程度上满足人们日益增长的生存需要。旧工业建筑再生利用的生态价值可以分为生态资源利用的影响和环境保护影响两个方面。

2.2.2　旧工业建筑再生利用的驱动力

旧工业建筑再生利用必然受各种因素的影响，也可称其为"驱动力"。驱动力一般包括规划驱动、经济驱动、文化驱动、社会驱动、事件驱动和环境驱动。下面以几个例子分别进行介绍。

1. 规划驱动

沈阳是我国"城市更新"试点城市之一，2020 年，沈阳市政府组织编制的《沈阳城市更新专项总体规划（2021—2035）》中，明确提出了"以城市更新促成城市复兴"。在东北老工业基地改造振兴过程中，铁西区被国家授予"老工业基地调整改造暨装备制造业发展示范区"。2020 年以前，铁西区的城市更新主要是通过工业企业搬迁推动城市空间结构不断优化。近年来，铁西区秉承"挖掘工业历史文化、整合工业遗迹资源"的理念，对腾迁企业旧址保留下来的老厂房进行文化创意产业开发，对工业遗存实施保护、修缮、再开发和再生利用，创新工业遗存产业化发展模式，深度开发工业遗产价值，讲述工业遗存故事。铁西区通过政府的上层规划进行有序改造，其旧工业建筑再生利用实例如图 2.1、图 2.2 所示。

图 2.1　1905 文化创意园

图 2.2　红梅文创园

2. 经济驱动

政府设立各种基金鼓励工业地段更新的实施，例如西安纺织城艺术区（已更名为半坡国际艺术区）是在原唐华一印厂区内建筑基础上经改造而成，并于 2007 年正式启用，西安的一些文艺创作者先后入驻，把这里当成他们的创作基地或工作室，唐华一印也从一个工业地理标志摇身一变成为西安东城的一个文化艺术区。但由于服务配套跟不上，人气一直不旺。2012 年开始，陕西经邦文化与灞桥区政府联手开发半坡国际艺术区项目，总投资一亿五千万元人民币，保留并改造核心区主厂区，对周边原有建筑加以针对性改造或新建，将项目打造成一个集历史文脉、当代艺术、文化产业、建筑空间、休闲观光于一体的艺术园区。半坡国际艺术区如图 2.3 所示。

(a) 室内摆饰　　　　　　　　　　　　　　　(b) 墙面标语

图 2.3　半坡国际艺术区

3. 文化驱动

通过旧工业建筑再生利用，将旧工业建筑转变为博物馆、剧场、音乐厅、展馆等，已成为城市工业地段更新的主要手段；通过文化设施、娱乐设施、体育设施和教育设施的建设，为城市文化活动的举办创造条件，从而提升城市文化品位，扩大城市的影响力。青岛啤酒博物馆设立在青岛啤酒百年前的老厂房内，是国内首家啤酒博物馆，充分展示了中国啤酒工业及青岛啤酒的历史和发展，集文化历史、生产工艺流程、啤酒娱乐、购物、餐饮为一体，兼具旅游的知识性、娱乐性和参与性，体现了放眼世界、穿透历史、融汇生活的文化理念。青岛啤酒博物馆如图 2.4 所示。

(a) 博物馆入口　　　　　　　　　　　　　　(b) 啤酒历史展台

图 2.4　青岛啤酒博物馆

4. 社会驱动

北京 798 艺术区的部分建筑采用现浇混凝土拱形结构，为典型的包豪斯风格，在亚洲罕见。随着北京城市化进程的加快，原本属于城郊的大山子地区已成为城区的一部分。

自 2002 年开始，由于租金低廉、创作空间宽敞等因素，大量艺术家工作室和当代艺术机构陆续进驻，逐渐发展为画廊、艺术中心、艺术家工作室、设计公司、时尚店铺、餐饮酒吧等各种空间的聚集区，使整个区域短短两年内成为国内最大且最具国际影响力的艺术区。北京 798 艺术区如图 2.5 所示。

(a) 艺术区建筑 　　　　　　　　　　　　　(a) 艺术区壁画

图 2.5　北京 798 艺术区

5. 事件驱动

城市工业地段更新通过重大事件驱动，具有十分重要的作用。如北京通过举办 2008 年奥运会，促进城市中心区工业地段的首钢企业的搬迁。北京首钢曾是民族重工业的重要代表，经历搬迁后，留下了高炉、冷却塔、车间厂房等。2017 年开始，北京市政府将部分园区改建成了冬奥会训练场和奥组委办公场地。借助冬奥会契机，这座满是工业遗存的老园区，重新焕发生机。首钢园区如图 2.6 所示。

(a) 自由式滑雪大跳台 　　　　　　　　　　(b) 厂房外立面改造

图 2.6　首钢园区

6. 环境驱动

邯郸钢铁集团历史悠久，1958 年建厂，具备年产千万吨钢的综合能力，总资产约

740亿元，是邯郸市的重要经济支柱。然而，邯钢对于邯郸城区的污染是显而易见的，尤其位于邯钢厂区北侧的沁河被严重污染，邯钢厂区及周边空气中的污染颗粒物和有毒气体严重超标，危害到人体、生物及植物的生长与生存。同时，在冶炼过程中产生的铅、锌等重金属及硫化物等有害物质渗入土壤，造成严重的土地污染。面对如此严峻的污染形式，邯钢老厂区"退城进园"，搬迁至90km以外的涉县，并对邯钢老厂区遗留的厂房和遗址进行功能改造，以保持和提升邯郸经济发展，并通过景观和生态手段改善邯钢生产过程中带来的空气、水体、土壤污染。邯郸市旧工业建筑再生利用典型项目——复兴·1957艺术街区如图2.7所示。

(a) 艺术街区门口　　　　　　　　　　(b) 艺术街区内部环境

图2.7　复兴·1957艺术街区

2.3　旧工业建筑再生利用模式

2.3.1　按投资主体划分

在市场经济条件下，随着旧工业建筑再生利用的不断推进，有以政府为主导进行再生利用的情况，也有企业破产转让后改变用地属性由新的业主开发建设的情况，还有由原企业租赁或成立物业公司自行开发的情况。针对旧工业建筑再生利用过程，按是否调整开发主体进行分类并开展研究，可以分为自主式开发、统一式开发和综合式开发。

1. 自主式开发

自主式开发是指原工业企业由于停产、转型、迁移等原因，原有部分或全部旧工业建筑闲置，而这类工业企业仍然存在或改制成立了物业公司、资产公司，即土地使用权的拥有者并没有改变，从而将旧工业建筑作为资产以出租的形式或以自行开发的形式对其进行再生利用。早期所谓"创意产业"包括上海苏州河畔艺术仓库、北京艺术社区、昆明"创库"等由艺术家集群开始的初期简单开发即属于这类自主式开发。自主式开发项目如图2.8、图2.9所示。

图2.8　汉阳造文化创意产业园

图2.9　苏州第一丝厂

（1）自主式开发的优点

1）艺术家们的自主式开发能尽可能地发掘旧工业建筑的场所价值。首先，早期的价格低廉，满足艺术家们经济上的要求；其次，凭借艺术家们的创造力和前卫的思想，在满足新功能的同时更具创新性和舒适性，在这样具有历史文化内涵的场所更有利于他们思想的碰撞，从而产出更好的艺术作品。艺术家们自发性的文化产业聚集也为旧工业建筑再生利用提供了新思路和参考模板。

2）原企业出租或自行开发是对废弃的工厂进行重新规划，变废为宝，在刺激周边经济发展的同时，也给原企业带来活力，解决了企业面临的产业转型难题，为企业的二次盈利提供机会，同时保证原企业工人的权益。

（2）自发式开发的弊端

1）场地的临时性造成改造设施的简陋。对承租方来说，由于短期或不定期开发，不敢投入过多资金改造旧厂房；对厂家来说，出租行为是收益率很低的短期做法。未经改造或开发而直接出租的厂房，由于基础设施不足，租金单价低，因此收益很慢。例如，北京798艺术区内，艺术家聚集的核心区集中在整个厂区1/6的地块内，该地块上的建筑为20世纪60年代所建造，其规模较其他地块的厂房小，且年久失修，现状不佳。从当时业主方七星集团的角度来说，他们也是作为一种过渡措施，把一些发展受限制、接近废弃的厂房临时性地租给艺术家。

2）土地用途变更困难造成公众对旧厂房改造参与权的缺失。旧厂房出租前的土地用途为工业用地，申请变更土地用途需提交规划部门、土地行政主管部门批准。仅仅凭租用契约无权在改造后的旧厂房中进行办公、商业、餐饮等第三产业活动甚至居住活动。分散自发的改造过程中，承租方大多为从事艺术和商业的机构，在对租用空间的使用上，严格来说是不合法的。以改造旧厂房的名义违章重建、私自经营则是非法使用的另一种极端。

3）艺术和文化产业聚集带来的土地增值。这原本应该属于土地集中开发后的正面效应，但是这种过早的土地增值，类似于房地产泡沫的膨胀，会给政府或开发商的土地收购工作带来障碍，进而影响区域的进一步更新。例如伴随着上海苏州河畔艺术仓库逐渐形成规模以及苏州河沿岸环境的整治，周边旧工业建筑和普通建筑的租金相应上涨，从某种角度上说限制了具有发展潜力的服务业、文化产业向艺术仓库的聚集。

2. 统一式开发

统一式开发主要指政府主导进行整个地区或区段的规划、迁移、改造，在这一过程中可能采取引进开发商或者联合其他商家等方式，对旧工业厂区及其附着的旧工业建筑进行再生利用。如原陕西钢铁厂政策性破产后，由陕西省国资委主持拍卖，由西安建大科教产业有限责任公司竞拍获得该地块的使用权。这类统一式开发，一般属于全新用途的开发利用，政府在主导过程中会对原用地性质、企业外迁、职工安置等设置条件。统一式开发项目如图2.10、图2.11所示。政府部门通过政策引导、鼓励支持，从管理机制着手，将不再适用的工业调整为新兴服务产业，激活国有存量资产，促进经济发展，为旧工业建筑再生利用提供了新的思路。

图2.10 老钢厂设计创意产业园

图2.11 意库创意园

（1）统一式开发的优点

1）统一式开发有利于旧工业建筑原真性的保留。在意识到旧工业建筑本身的巨大价值后，政府引导下的旧工业建筑再生利用会更具规则性，会尽可能地保护优秀的旧工业建筑，将其本身的面貌留存下来，在满足新功能的同时展示其历史价值和文化价值，打造出更鲜明的城市名片。

2）统一式开发是在政府的参与下进行的，考虑的角度和范围更全面，一般会出台相应的宏观政策支持，并对相关区域的发展进行整体规划，服务于城市的结构调整和产业升级。从城市的长远发展来看，会更具建设性和前瞻性，这一点是自发式开发做不到的。

（2）统一式开发的弊端

1）统一式开发的新功能可能受到限制。统一式开发的规划一般是政府带头规划设计下的产物，在规划中已经确定了再生利用后的功能，且一般具有目的性和社会公益性，承担着保护历史产物和传承文化的重要使命，具有展示城市风貌的作用，因此再生利用模式多为博物馆、体育馆、创意产业园等新兴产业。新功能的限制可能导致统一式开发的有些项目不太注重经济效益，因此如何平衡社会效益和经济效益的关系也是统一式开发中的重点和难点问题。

2）统一式开发的建设与运营等相关手续办理程序及审批流程复杂，可能会降低项目运作速度，错过项目的最佳运营时间，在遇到政策性调整时甚至会造成项目的中断。

3. 综合式开发

自主式开发和统一式开发各具优势，只有将两者进行有效结合，才能切实地改善建筑和环境品质。从世界范围内的实例可以看出，自发式开发和统一式开发往往是密不可分的。自发式开发相对灵活，它作为功能置换的先导，可引发大规模的统一式开发。政府和发展商通过统一式开发创造有利环境和基础设施，设立"开发区"并简化其规划程序，放松规划控制，使其成为各开发子公司和开发个体特殊权利的空间表达。

以统一式开发为契机，政府对整个地区或区段的规划实施统一管理，又允许在政策范围内的自主式开发。这种综合式开发既能实现政府统一开发的目的，又能解决政府开发资金不足的困难，同时也充分调动了企业的积极性。如西安"纺织城"开发，以政府为龙头进行统一规划，率先对部分区段的旧工业建筑、基础设施等进行了开发建设，同时制定相应的政策，引导企业采取引资、合资等方式开发。

2.3.2　按保护程度划分

1. 保护为主

在一些具有工业考古价值和确定的历史文物的旧工业建筑及地段，要遵循《威尼斯宪章》的原则，按照文物保护要求进行，即"博物馆模式"。这种模式需要经过严格的论证和研究，并不是原封不动地保留所有，而是根据论证结果进行合理的利用。由于旧工业建筑的复原过程是一项专门性的工作，其目的是保存和显现该文化遗产的整体美学和历史价值，因此复原必须以尊重原始材料和考古证据为基础，任何的臆测都应加以避免。

在我国，由于经济发展水平的不同，造成了国内一些城市或部门在古建修复的认识上存在着很大的差异，使一些旧工业建筑维护的项目不恰当地应用了复原的层级，虽然有些经过了严谨的历史考证，可仍有大部分破损的旧工业建筑均只凭几张照片加以推测便采取复原的措施，有的甚至是建筑师自己的推论，结果造成了许多新旧不分、混淆建筑史实性的情况。

2. 保护性再生利用为主

（1）增加不同规模的外部设施

随着新的功能和使用要求的加入，当原有建筑不能满足增加后的要求时，可以通过增加不同规模的外部设施的方式来适应新的需求。这一层级基本上属于建筑扩建的范畴。新增部分要充分考虑与原有建筑之间，包括大小、比例、质感、形态方面的关系，或者和谐统一，或者新旧分明，或者追求对立。不管采用何种方式与手法，都应该以保护原有建筑及其周边文脉、环境，以及促进旧工业建筑的活力为主要目的。

（2）大规模的内部改造

对新的功能和使用要求的满足，有时可以通过大规模的内部改造来实现。例如，当原有建筑的立面改造受到局限时，一种保持建筑外表基本不变的做法是保留建筑的一层外皮，以旧建筑原有的形象与外界保持和谐与共生，然后再通过内部的合理化改造实现新的功能和使用要求，发挥新的特色。

（3）原有建筑作为新建筑的微量元素

在一些情况下，原有的旧工业建筑不具备更多的保留价值，或建筑本身已经遭到相当程度的毁损，把原有建筑作为新建筑的微量元素的做法就成为一种处理手法。通过处理，可以最大限度地保存原有建筑的历史信息，以残缺片断的形式延续其文脉。

3. 改建为主

以改建为主的旧工业建筑及其场地的再开发主要是从经济角度出发进行的"经济复兴"，一般来说只是保留局部的工业物质元素，或是保护局部的历史印记。这种开发所带来的效果是为社会理想主义者创造生活的"崭新乐园"。所以，这种开发方式多以大规模的更新为主，多出现在城市更新运动的初期或功能性衰退为主的地区。

2.3.3　按再生功能划分

1. 再生功能模式分类

再生功能主要指旧工业建筑再生利用后的新的功能模式类型。我国旧工业建筑再生利用主要功能模式包括创意产业园、商业办公、博物馆、艺术中心、展览场馆、公园绿地、学校、住宅宾馆等。

（1）单一再生模式

单一再生模式主要包括商业场所、办公场所、场馆类建筑、居住类建筑、遗址景观公园、教育园区等，如图 2.12 所示。

1）商业场所

指以商业、休闲、金融、保险、服务、信息等为主要业态的公共建筑。旧工业建筑经改造和空间划分，可适应多种商业空间，其历史底蕴和工业美感使空间更具有商业特色。

随着城市的发展，部分旧工业建筑的旧址所处地段逐渐成为城市的中心地带，这给改造本身带来了一定的紧迫性，设计师和开发商都会考虑改造后的新功能如何更好地与新环境融合，并综合厂房自身条件，将其改造为商业空间及步行街，如商场、批发市场、制造厂、餐厅、酒店等。

(a) 商业场所

(b) 办公场所

(c) 场馆类建筑

(d) 居住类建筑

(e) 遗址景观公园

(f) 教育园区

图 2.12　单一再生模式

旧工业建筑再生利用为商业场所的条件主要有两方面。其一是建筑物自身的物质条件。商业空间往往需要大跨度的结构体系，内部空间应规整、宽敞，而旧工业建筑自身就有这些特征，且采光条件好，内部空间和结构具有灵活易变的特征。其二是所处地段的地理条件，这也是旧工业建筑能否再生利用为商业场所的必要条件，比如该地段是否具有便利的交通系统、其他附属建筑以及消费人群等。

2）办公场所

指将旧工业建筑空间进行分隔改造形成的固定工作场所，以大空间、多人共用的工作方式取代单一小隔间单人工作方式，顺应办公方式的转变。

许多艺术家将办公室搬进旧厂房中，通过自身敏锐的艺术眼光和设计手法为旧厂房注入了新活力，并且通过再生利用成为具有工业气息且使用功能改变的办公空间，与普通办公场所相比，有很高的艺术价值和品位，同时建筑本身还有较好的文化价值。旧工业建筑再生利用为办公场所较好实现，许多大跨型、常规型旧工业建筑都可以经再生利用成为办公场所。

3）场馆类建筑

指包括观演建筑、体育建筑、展览建筑等在内的空间开敞的公共建筑，以建筑结构大空间及历史感为基础，实现馆内功能灵活划分，满足不同的展览要求。

旧工业建筑开敞的大空间、高屋架和良好的采光通风等特质具备改造为场馆类建筑的优势，许多旧工业建筑被再生利用为展览馆、博物馆、纪念馆、画廊等。这不仅是保护旧工业建筑的有效积极的手段，还可以"变废为宝"，是一种积极且值得大力提倡的再生利用方式。

这种再生模式可以充分利用建筑自身所具有的遗产优势，结合创意性的设计手法，加之废弃的工业设施成了具有历史价值的展览品，具有营造艺术气息和历史氛围的特性。在国外，这种再生模式早已被应用，在我国虽还属于起步阶段，但已呈逐渐增多的趋势，还需在日后的发展中提高。

4）居住类建筑

指将旧工业建筑改造为住宅式公寓、酒店式公寓、城市廉租房等居住建筑；或将旧工业建筑改造为多层小空间组合，如住宅式宿舍、酒店式客房、廉租房等，提升土地利用率。

旧工业建筑已有被再生利用为公寓住宅的案例，主要是利用旧工业建筑大空间的特点，再运用模数化手段将要改造的居住空间分为一个个单元，这种设计具有空间简洁、结构设备经济、面积小和开间小等优点。通过将旧工业建筑再生利用为居住类建筑，较之新建的住宅建筑可以节省较多的建设成本。建成后可以相应收取较低的费用，加上政府及相关部门给予一定的政策引导，使这些再生利用后的住宅建筑为生活有困难的群体带来真正意义上的实惠和便捷。

5）遗址景观公园

指将具备历史文化价值的旧工业建筑、设备设施等的保护修复与景观设计相结合，重新整合形成公共绿地；或以工业废弃场地生态恢复为基础，构建公园绿地场所，延续场地文脉，将人类活动重新引入。

旧工业建筑本身就散发着一种历史气息和工业氛围，置身于旧工业建筑的氛围中，就像在听人诉说一段特定时期的历史故事。将旧工业厂区改造成公园的创意为人们提供了一个很好的场所，可以游玩、休息、怀旧等，丰富当地的文化活动。这种新颖、大胆的改造尝试，大大提高了人们走出来的可能，加强了人的参与性。

大体量、大规模的旧工业厂区，可充分利用建筑物、构筑物、工业元素和生态环境，适当加入新元素，使其再生利用为工业主题的公园。与其他主题公园不同的是可以就地取材，以旧造新，并且有纪念意义。充满历史气息、工业气息同时又注入新的活力的主题公园，不仅能提高人们的生活质量，还能为城市的建设带来帮助。

6）教育园区

指将旧工业建筑改造为教室、图书馆、食堂、宿舍等教育配套设施，并与旧工业厂区的整体环境相结合。

近年来，已有设计者综合场地、区位等多方面的因素，将规模较大的旧工业厂区改建为教育类功能的建筑。这种改造方向在旧工业建筑再生利用领域已经成为一个方向。以旧工业厂区的整体环境为依托，通过将旧工业建筑空间进行分割，改造为教室或图书馆等教育设施，形成良好的文化氛围。

(2) 组合再生模式

对于较大区域的旧工业建筑或旧工业厂区来说，再生过程中要考虑的因素更多，再生利用范围更大，再生功能也更多，因此再生利用组合模式类型主要包括创意产业园和特色小镇。

1）创意产业园

指以文化、创意、设计、高科技技术支持等业态为主的产业园区；以旧工业厂区历史文化和艺术表现为基础，延续城市建筑多样性，维持城市活力，连带创意产业共同发展。

旧工业建筑是为了满足工业生产和大型机械操作而设计，而创意产业园是以发展艺术文化、高新科技和创意事业为主，艺术创作和展览需要一种非常规的创意大空间，这就与旧工业建筑中的大空间厂房不谋而合。由于原有空间并不能够完全适应新的创作需求，改造中应着重对这些契合要素进行转换。

旧工业建筑转化为创意产业园的过程中，在新旧功能和空间形式方面存在着可以转化的中间领域。对原有空间进行充分利用和保护是其初衷，而在改造中将原有大空间分隔成办公小空间或者将原有分层空间拆除成单层大空间，都是一种再生利用的方式。在改造过程中，根据实际的风格和功能特点来选择不同类型的旧工业建筑进行改造，能够减少改造费用，充分利用旧工业建筑高大、开敞的特点，营造出极具震撼的空间。

2）特色小镇

指集合工业企业研发中心、民宿超市、主题公园等多种业态，功能完备、设施齐全的综合区域；依据遗留特色建筑，以旅游休闲为导向，集商业、旅游、文化休闲、交通换乘等功能于一体。

特色小镇是具有特色与文化氛围的现代化群落。确切地说，特色小镇不是传统意义上的镇，它虽然独立于市区，但不是一个行政区划单元；特色小镇也不是地域开发过程中的"区"，有别于工业园区、旅游园区等概念；特色小镇更不是简单的"加"，即单纯的产业或者功能叠加并不是特色小镇的本质。特色小镇，就是有特色的小地方，是具有明确产业定位、文化内涵、旅游价值和一定社区功能的发展空间平台，是生态、生产、生活有机融合的生态圈。

旧工业建筑体量大、范围广、历史文化价值高，既是工业百年辉煌历史的见证，也是某一时代先进生产力和先进文化的丰富积淀。一所老厂房、一台老机械、一本老账册，都记录了时代发展的轨迹，述说着历史的沧桑，展示了前人的理念和智慧，是启迪和教育后人的活的教科书。将特色小镇的概念引入旧工业建筑再生利用在国内已有许多成功的案例。如杭州市艺创小镇，其前身是水泥厂，目前小镇内的建筑都保留着原来水泥厂的旧貌，曾经机器轰鸣、尘土飞扬的厂区现在已经成为一座文化创意园，并吸引了2800余家动漫、美术等艺创企业进驻。甘肃玉门曾是一座石油城，城区内大部分建筑还保留着20世纪七八十年代的风貌。如今，这座石油城正在积极打造光热小镇、枸杞小镇、石油小镇和赤金小镇的"小镇集合体"。

2. 再生模式影响因素

再生模式确定的影响因素包括厂区占地面积、建筑系数、建筑结构形式、层数、层高、区域功能、区域交通便利程度、区域经济发达程度、区域社会文明程度、区域生态环境状况等。

（1）厂区占地面积

占地面积直接影响到再生利用体量的大小，比如对于较大面积的厂区可选择遗址景观公园、创业产业园、特色小镇等，对于较小面积的厂区可选择居住类、场馆类建筑等。因此在考虑再生模式时，需要根据厂区面积大小选择适宜的模式。

（2）建筑系数

建筑系数是建筑物占地系数的简称，指项目用地范围内各种建（构）筑物占地总面积与项目用地面积的比例。因此，厂区内建（构）筑物的数量以及占地面积与厂区面积的比例，能够较为直接地反映厂区的空旷度或者拥挤度，对再生模式的选择至关重要。

（3）建筑结构形式

旧工业建筑结构形式较多，主要有砌体结构、钢筋混凝土结构、钢结构等。考虑到再生利用中结构的安全性，需特别注意结构形式的影响。比如，对于砌体结构，应尽量减少墙板开洞，否则再生形式就会较为单一。

（4）层数

指建筑的自然层数，一般按室内地坪 ±0.000 以上计算。夹层、附层、插层以及凸出屋面的楼梯间、水箱间不计层数。层数主要关系到再生利用空间的使用率，应针对不同层数来选择合适的再生模式。

（5）层高

层高与层数同样重要，需根据层高来确定在建筑内部是否有足够的空间进行内部增层或内嵌建筑。一般来说，重工业厂房中的机械设备都较高，层高都较大，仓库或轻工业厂房中层高较小。

（6）区域功能

指某一个区域在政治、经济、军事、文化等方面所发挥的作用。区域功能是再生模式选择的关键影响因素。根据不同区域功能选择适合当地区域要求和区域特色的再生模式极其重要，也会影响再生利用项目的效果。

（7）区域交通便利程度

交通便利程度是一个区域发展的关键因素。对于旧工业建筑再生利用来说，区域交通便利程度直接影响到区域的人流量，进而影响到项目的后期运营效果。因此，应综合考虑再生利用项目区域的交通情况。

（8）区域经济发达程度

经济是区域发展能力的直观体现，区域的经济发达程度将影响到再生利用项目的经济效益。因此，区域经济发达程度对再生模式的选择同样至关重要。

（9）区域社会文明程度

社会文明指人类社会的开化状态和进步程度，是物质文明、政治文明、精神文明、国家文明和人类文明等方面的统一体。区域社会文明程度是当地区域进步程度的综合体现，也将对再生模式的选择产生重要影响。

（10）区域生态环境状况

随着"绿色生态""低碳生活"的普遍开展，区域的环境状况将直接影响到再生利用项目的使用效果，因此，应提高再生利用项目的使用效益和生态效益。

为了便于对再生模式进行选择，将各特征因素分为 A、B、C、D 四类，具体内容见表 2.1。

再生模式的影响因素及分类　　　　　　　　　　　　　　　　　　　　　　表 2.1

影响因素	分类			
	A 类	B 类	C 类	D 类
厂区占地面积	10 万 m² 及以上	1 万 m² 及以上，10 万 m² 以下	1 万 m² 以下	—
建筑系数	30% 以下	30% 及以上，50% 以下	50% 及以上	—
建筑结构形式	钢筋混凝土结构	钢结构	砌体结构	—
层数	单层	双层	多层	—
层高	12m 及以上	6m 及以上，12m 以下	6m 以下	—

影响因素	分类			
	A 类	B 类	C 类	D 类
区域功能	行政或商业办公区域	生活居住区域	商业休闲消费区域	旅游、遗址或生态保护区域
区域交通便利程度（旧工业厂区出入口到达交通站点的距离）	500m 以下	500m 及以上，800m 以下	800m 及以上	—
区域经济发达程度	发达	一般	欠发达	
区域社会文明程度	人文、教育、公共卫生环境良好，区域社会安定和谐	人文、教育、公共卫生环境一般，区域社会安定和谐	人文、教育、公共卫生环境较差，区域社会安定和谐	—
区域生态环境状况	生态环境良好，绿化覆盖率 30% 及以上，空气、水资源等良好	生态环境一般，绿化覆盖率 15% 及以上、30% 以下，空气、水资源等一般	生态环境较差，绿化覆盖率 15% 以下，空气、水资源等较差	

3. 再生模式确定

通过对再生模式影响因素进行整理分析，结合项目的具体要求，可进行再生模式的选择。

（1）基本模式的确定

1）商业场所。可用于建筑系数 50% 及以上，单层或双层建筑，处于商业休闲消费区，经济发达，主要出入口到达公共交通站点距离小于 500m 且社会文明程度较高的旧工业建筑再生利用。

2）办公场所。可用于旧工业厂区占地面积小于 1 万 m^2，建筑系数 50% 及以上，多层建筑，距离行政或商业办公区较近，主要出入口到达公共交通站点距离小于 800m，经济发达程度较高，社会文明程度及生态环境状况良好的旧工业建筑再生利用。

3）场馆类建筑。可用于建筑系数 50% 以下，层高 6m 及以上，主要出入口到达公共交通站点距离小于 500m，区域经济一般，社会文明程度及生态环境良好的旧工业建筑再生利用。

4）居住类建筑。可用于旧工业厂区占地面积小于 1 万 m^2，建筑系数 50% 及以上，双层或多层建筑，处于生活居住区域或商业办公区域，主要出入口到达公共交通站点距离小于 800m，社会文明程度及生态环境状况良好的旧工业建筑再生利用。

5）遗址景观公园。可用于旧工业厂区占地面积 10 万 m^2 以上，建筑系数 30% 以下，主要出入口到达公共交通站点距离小于 800m 的旧工业建筑再生利用。

6）教育园区。可用于旧工业厂区占地面积 1 万 m^2 以上，建筑系数 50% 以下，建筑结构形式较多，出入口到达公共交通站点距离小于 500m，社会文明程度较高的旧工业建筑再生利用。

7）创意产业园。可用于旧工业厂区占地面积 1 万 m^2 以上，建筑系数 50% 以下，建筑结构形式较多，主要出入口到达公共交通站点距离小于 500m，区域经济一般，社会文明程度较高且生态环境良好的旧工业建筑再生利用。

8）特色小镇。可用于旧工业厂区占地面积 10 万 m^2 以上，建筑系数 50% 以下，建筑结构形式较多，区域经济一般，社会文明程度较高且生态环境良好的旧工业建筑的再生利用。

（2）组合模式的确定

组合模式就是将传统的城市职能如交通、休息娱乐、工作等与地区经济发展、人文与环境保护等进行高度叠加的复合的开发模式，从而给需要综合解决多种功能的使用者带来方便。

组合模式选择时，可根据影响再生模式的特征因素类型，参考表 2.2 确定。

多因素影响作用下适宜组合模式选择

表 2.2

组合模式	厂区占地面积			建筑系数			建筑结构形式			层数			层高			区域功能				区域交通便利程度			区域经济发达状况			区域社会文明程度			区域生态环境状况		
	A	B	C	A	B	C	A	B	C	A	B	C	A	B	C	A	B	C	D	A	B	C	A	B	C	A	B	C	A	B	C
创意产业园＋商业场所	√	—	√	√	√	—	√	√	√	√	√	√	√	√	√	—	√	√	√	√	—	—	√	—	—	√	√	—
办公场所＋商业场所	—	√	√	—	√	—	√	√	√	√	√	√	—	√	√	√	√	—	—	√	—	√	√	—	√	√	√	√
场馆类建筑＋教育园区＋居住类建筑	√	—	√	√	—	√	√	√	√	√	√	√	√	√	√	√	√	√	√	√	√	—	√	√	√	√	√	√
居住类建筑＋商业场所＋场馆类建筑	√	√	—	√	—	√	√	√	√	√	√	√	√	√	√	√	√	√	√	√	√	—	√	—	—	√	√	—
创意产业园＋教育园区＋商业场所＋居住类建筑	√	—	√	√	√	—	√	√	√	√	√	√	√	√	√	√	√	√	—	√	—	—	√	—	—	√	√	—
场馆类建筑＋遗址景观公园	√	—	√	√	—	√	√	√	√	√	√	√	√	√	√	√	√	√	√	√	√	—	√	—	—	√	√	√
场馆类建筑＋商业场所＋教育园区＋创意产业园	√	—	√	√	—	√	√	√	√	√	√	√	√	√	√	√	√	√	√	√	—	—	√	—	—	√	√	√

注：表中"√"表示适用影响因素，"—"表示不适用影响因素。

第3章 既有建（构）筑物再生利用机理解析

3.1 既有建（构）筑物再生利用机理解析内涵

3.1.1 既有建（构）筑物再生利用机理框架

旧工业建筑再生利用时，既有建（构）筑物的价值包括建筑本体价值、功能发挥价值和提高土地利用率。为充分发挥既有建（构）筑物的价值，可采用空间重构、结构改造和风貌修复三种途径实现既有建（构）筑物的再生利用，以满足最终依附既有结构（原有结构优化）、修改既有结构（原有空间扩展）和脱离既有结构的建（构）筑物（新老建筑共生）表现形式。既有建（构）筑物再生利用机理框架如图3.1所示。

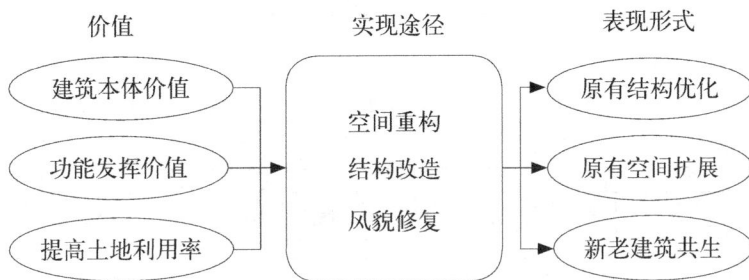

图3.1 既有建（构）筑物再生利用机理框架

3.1.2 既有建（构）筑再生利用要素

既有建（构）筑物再生利用要素包括建筑形式、建筑组构和建筑细部三方面。

1. 建筑形式

建筑形式要素主要包括空间形式、结构形式及立面形式，如图3.2所示。

2. 建筑组构

建筑组构要素主要包括屋顶、墙体及附属构筑物。如图3.3所示。

3. 建筑细部

建筑细部要素主要包括窗、门、栏杆及装饰，如图3.4所示。

```
                        ┌──────────┐
                        │  建筑形式  │
                        └──────────┘
            ┌───────────────┼───────────────┐
        ┌────────┐      ┌────────┐      ┌────────┐
        │ 空间形式 │      │ 结构形式 │      │ 立面形式 │
        └────────┘      └────────┘      └────────┘
      ┌───┬───┬───┬───┐      │          ┌───┴───┐
   ┌──┐┌──┐┌──┐┌──┐  ┌────┐    ┌────┐┌────┐
   │平面││平面││剖面││空间│  │结构│    │构图││立面│
   │空间││空间││空间││层数│  │体系│    │方式││风格│
   │形状││比例││形状││    │  │    │    │    ││    │
   └──┘└──┘└──┘└──┘  └────┘    └────┘└────┘
```

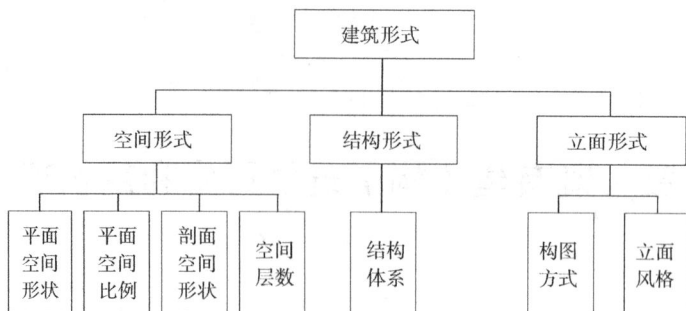

图 3.2　建筑形式要素

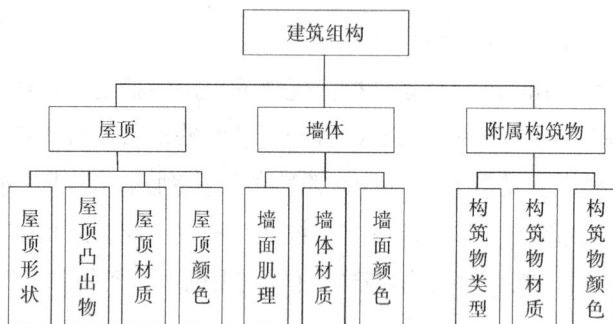

```
                        ┌──────────┐
                        │  建筑组构  │
                        └──────────┘
            ┌───────────────┼───────────────┐
        ┌────────┐      ┌────────┐      ┌──────────┐
        │  屋顶   │      │  墙体   │      │ 附属构筑物 │
        └────────┘      └────────┘      └──────────┘
      ┌───┬───┬───┐   ┌───┬───┬───┐   ┌────┬────┬────┐
   ┌──┐┌──┐┌──┐┌──┐ ┌──┐┌──┐┌──┐ ┌──┐┌──┐┌──┐
   │屋顶││屋顶││屋顶││屋顶│ │墙面││墙体││墙面│ │构筑││构筑││构筑│
   │形 ││凸出││材质││颜色│ │肌理││材质││颜色│ │物类││物材││物颜│
   │状 ││物  ││    ││    │ │    ││    ││    │ │型  ││质  ││色  │
   └──┘└──┘└──┘└──┘ └──┘└──┘└──┘ └──┘└──┘└──┘
```

图 3.3　建筑组构要素

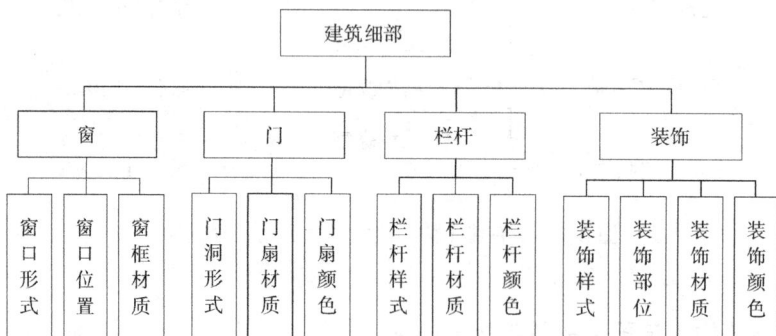

```
                            ┌──────────┐
                            │  建筑细部  │
                            └──────────┘
          ┌─────────────┬─────────────┬─────────────┐
      ┌──────┐     ┌──────┐     ┌──────┐     ┌──────┐
      │  窗   │     │  门   │     │ 栏杆  │     │ 装饰  │
      └──────┘     └──────┘     └──────┘     └──────┘
    ┌───┬───┬───┐ ┌───┬───┬───┐ ┌───┬───┬───┐ ┌───┬───┬───┬───┐
  ┌──┐┌──┐┌──┐ ┌──┐┌──┐┌──┐ ┌──┐┌──┐┌──┐ ┌──┐┌──┐┌──┐┌──┐
  │窗口││窗口││窗框│ │门洞││门扇││门扇│ │栏杆││栏杆││栏杆│ │装饰││装饰││装饰││装饰│
  │形 ││位置││材质│ │形式││材质││颜色│ │样式││材质││颜色│ │样式││部位││材质││颜色│
  │式 ││    ││    │ │    ││    ││    │ │    ││    ││    │ │    ││    ││    ││    │
  └──┘└──┘└──┘ └──┘└──┘└──┘ └──┘└──┘└──┘ └──┘└──┘└──┘└──┘
```

图 3.4　建筑细部要素

3.2　既有建（构）筑物再生利用的价值

3.2.1　建筑本体价值

　　建筑承载着人类的物质文明和精神文明，它沉淀并记录着人类文明发展的步伐，是人类劳动创造物的典型代表之一，是人类身心栖息的家园。因此，建筑本身就是一种文化，是对技术进步、历史演化以及社会文明发展的记录与传承。这种文化作用反作用于社会发展，从而实现建筑的格局和社会责任。

1. 建筑本体的历史价值

蕴含历史价值的建筑本体是指可以解释重要历史事件的物体，可以保存重要历史信息的物体。旧工业建筑的历史价值是指发生过重大的历史事件的旧工业建筑，保留了重大历史信息，在工业文明轨迹中发挥了重要作用。旧工业建筑产生于工业发展过程中，是人们生产和生活实践所依托的实体，见证了人类工业文明的发展，记录了国家、城市或产业发展的线索，对人类的生产与生活具有重要意义。因此，旧工业建筑具有不可估量的历史价值。

2. 建筑本体的文化价值

文化由人类在长期生产生活中总结而成，是包括物质与精神在内所有族群产物的既有、创造、传承与发展的总和。文化价值包含两方面含义。一方面，文化是人为创造的一种社会现象，并且有实际物体或实际事迹，使人们能够切实看到、听到；另一方面，文化作为内在精神的传承和发展的依据，一般存在于个人记忆之中，潜移默化地影响人们。

相应地，旧工业建筑的文化价值也包含两方面。一方面，是在相对应的社会族群中所具有的时代现象，与原有产业功能紧密相关，例如勇担大任的企业精神、团结奋斗的企业文化等，这些理念和精神一般都以有形的物体为依托。另一方面，旧工业建筑文化价值体现在族群内在精神的传承、创造和发展，一代或两代人的思想记忆和生活习惯可以影响几代人的精神，这些主要反应在工厂企业精神现在的传承和发展情况。因此旧工业建筑具有深厚的文化价值。

3. 建筑本体的艺术价值

艺术作为一种特殊的社会意识形态，是人类利用多种实体与非实体工具完成的创造性实践，通过塑造形象以反映社会生活，实现精神与物质的交互作用，因此，相比于现实更具有典型性。物体的艺术价值主要取决于物体本身所包含的独特的个性和艺术风格。旧工业建筑的艺术价值一般存在于建筑物本体，不仅代表同一历史时期的工业建筑风格，还拥有独特的艺术个性，是历史背景和工业特色的巧妙融合。除了场所中建（构）筑物独有的造型风格与历史背景，厂房内存留的各种生产机具也蕴含着无数前辈的智慧，是工业起步的见证者，在理性与秩序中展现出了独特的机械美，创造出了独特的工业艺术。因此，旧工业建筑具有非凡的艺术价值。

3.2.2 功能发挥价值

1. 建筑再生的经济价值

经济价值是指客体对人和社会在经济上的意义，是主体从产品或服务中获得利益的衡量。对旧工业建筑而言，经济价值就是人们从建筑物上所能获得的直接利益，或建筑实体或空间所带来的经济上的收益，因此可以将旧工业建筑的经济价值分为实体建筑经济和区位利用经济。实体建筑经济是对建筑结构主体的安全性、整体性和可靠性的评价，且该条件是既有旧工业建筑改造和再利用的前提，满足此项才可进行下一步的功能置换，发挥其再生作用的价值，并在此基础上带来经济效益。区位利用经济一般指建筑物所在区域与其他区域所形成的区位经济差异。随着城市结构的调整和变化，旧工业建筑的位置大多发展为城市的中心区域，有利于人气的聚集，促进所在区域的经济发展，实现巨大的经济效益。因此，旧工业建筑具有经济价值。

2. 建筑再生的社会价值

社会一般指人与人在实践中形成关系的总和，如生产、教育、娱乐消费等都属于社会活动，而社会价值本指人与人之间相互交织碰撞所产生的正面或负面价值，但当人们参与到活动中的时候，人与社会之间便形成了一种利益关系。因此，可以说社会价值是将人类作为评价主体，评判一个客体为社会或他人带来无形的或有形的财富。首先，旧工业建筑可以为社会做出物质上的贡献，此时建筑是承载各类活动的物质主体。其次，旧工业建筑也可以为社会或他人带来精神上的财富，此时的旧工业建筑装载着一个国家或城市工业发展的历史。研究同时期社会背景下人们的价值观以及生产生活方式，结合旧工业建筑所具有的精神和物质财富，对旧工业建筑再生利用中的社会价值加以研究，既能满足精神财富的思想需求，又能为城市发展带来新机遇。因此，旧工业建筑具有社会价值。

3. 建筑再生的环境价值

若以传统经济学价值观来看，没有劳动参与，事物就没有价值。但从现代发展的程度来看，一个工程项目的环境价值有两点，一是指工程作为"人造物"本身所具有的自然环境价值；二是项目自身在全生命周期中对环境的影响。旧工业建筑的环境价值也包括两个方面，一方面，从建筑再生施工出发，将旧工业建筑"变废为宝"，解决了自身的环境问题；另一方面，旧工业建筑的改造和再利用对周边环境产生积极影响，积极践行可持续发展理论，对人类生存发展起到重要的指导意义。两者在一定程度上可满足人们日益增长的生存和发展需要，因此，旧工业建筑具有环境价值。

4. 建筑再生的情感价值

情感是人们对客观事物是否满足自己的需要而产生的态度体验，受到人们的生活环境和个人情绪的影响。旧工业建筑的情感价值在于工厂和建筑以及周边环境对人们情绪和态度上的影响。旧工业建筑情感价值的评价主体一般为工厂员工与周边居民，在过去的几年甚至几十年中，这些人的工作和生活范围都在旧工业建筑里面或周边，过去的经历与这些建筑息息相关，这一点对于评价主体而言意义非凡。旧工业建筑具有的情感价值，也主要来自与该建筑有接触的人群，他们对以往工作和生活的怀念并不会减少。因此，旧工业建筑具有情感价值。

3.2.3　提高土地利用率

土地空间作为城市的物质载体，其利用情况由土地结构、布局、规划等共同构成，与城市发展密切相关。土地利用的结构协调、布局合理与综合规划是土地价值良性循环的基础，进而使城市空间处于有序发展的稳步上升状态。由于城市发展基础较为薄弱，缺乏高效合理的组织、调控与制约策略，我国城市旧工业区普遍存在功能布局混乱、空间利用效率低的问题，土地价值未能得到充分发掘。通过既有建（构）筑物重构，完成旧工业区功能置换，可使得场地容积率显著提高而建筑占地面积不变，大大提高土地利用率。

土地利用规划是在一定区域内，根据区域国民经济发展的需要以及自然、经济、社会条件等因素，对该地区未来的土地利用与发展进行前瞻性的计划与部署。由于城市规模长期处于高速扩张状态，产业结构日益优化，土地资源配置无法满足城市的经济建设与社会发展需求。此外，城市建设当前面临的资本涌入与利润制约，使得土地利用效率偏低，土地经济效益产出难以提高，土地空间的潜力未得到充分挖掘。长期缺乏集约发展的土地资源开发模式，不仅产生了土地低效利用问题，更加速了土地储备的流失，其中沿海地区土地资源尤为紧缺。此时，通过土地利用规划，可使土地资源在时空尺度上分层排布，在国民经济各部门间得到合理分配，从而发挥现有土地资源的最大效益，协调区域可持续发展，保证土地系统具有蓬勃的生命力。

在城市新增可建设用地紧缺的背景下，2014 年国土资源部发布了《关于推进土地节约集约利用的指导意见》（国土资发〔2014〕119 号）（以下简称《指导意见》），为根本解决土地粗放利用问题，对土地利用优化配置与经济发展方式转变相互带动，生态文明建设和新型城镇化进程相互推进，以及目前城市用地发展进行了战略部署。其主要内容是以节约集约用地为核心，严格控制增量，优化盘活存量用地，推进土地结构调整，提高土地利用率等多效并举解决土地问题。从《指导意见》中可看出如下土地利用趋势：

（1）在很长一段时间内，要严格控制城市建设用地增量以及新增建设用地规模，同时统筹规划以提高土地产出利用率。在此基础上实施用地总量控制和减量战略，进一步实现全国范围内新增建设用地规模调控。

（2）通过城市空间战略规划引导并优化土地利用结构，形成科学、高效的土地空间布局，统筹各用地类型之间的关系，使其相互协调，共同促进城市建设全面健康发展。

（3）经过长期、高效的土地治理工作，存量土地的潜力挖掘和综合整治已取得显著成效。在此基础上进一步实施土地内涵挖潜和再开发战略，在土地供应总量中提高存量用地所占比例，有序增加建设用地流量，全力释放城市空间，实现土地利用效益综合化。

通过《指导意见》可以看出，城市中闲置的产业地段正是亟待挖掘的潜力之一，因此对此类低效用地进行再开发，不仅能够焕发区域发展的生命力，也有助于解决城市发展和经济快速增长对建设用地需求之间的矛盾。闲置产业区域再生所带来的城市产业结构升级和土地效益提升进一步推进了土地集约利用。西方国家对此所开展的更新实践工作值得我们借鉴，比如修复棕地、复原废弃矿区植被，以及对旧工业区的修复与再利用。

土地集约利用作为城市发展的新方向，也给城市中大量废弃的工业区与工业建筑带来了发展的机遇和挑战。例如，深圳市为顺应城市社会与经济发展需求，以法律政策为支撑，将城市可持续再开发与土地集约利用结合，构建公众参与及利益共享等激励机制，开展了对老旧工业区的改造行动，取得显著成效。其中由华侨城集团利用原沙河实业工业园区转型改造而成的 OCT-LOFT 华侨城创意文化园，在旧厂房的建筑形态中衍生出更有朝气、更有生命力的产业经济，成功保留原有空间特色，为深圳文化创意产业发展提供平台。

3.3 既有建（构）筑物再生利用的实现

3.3.1 既有建筑空间重构

旧工业建筑再生利用项目中的既有建筑以厂房建筑为主，分为单层厂房、多层厂房和混合厂房三种。为满足安全及使用功能需求，采用空间重构的思路对既有建筑空间进行分割和组合，其中，保持原结构、外部空间加法、外部空间减法、内部空间分割与内部空间拆除是空间改造较为常用的手法。因此，本节从以上五种改造方式展开，具体介绍旧工业建筑再生中既有建筑的空间重构方式。

1. 保持原结构

在原有单层厂房转化为展示空间等无需结构变化或仅需简单加固与装饰即可满足现有建筑功能的情况下，多采用保持原结构的改造方式。这种方式既充分尊重旧建筑的历史风貌，又延续了工业文化与工匠精神。如图 3.5 所示。

(a) 北京 798 艺术区　　　　　　　　　　(b) 北京莱锦文化创意产业园

图 3.5　保持原结构的再生利用项目

2. 外部空间加法

外部空间加法常用于原有建筑空间容量有限，无法通过内部空间的分割与重构满足现有使用功能的情况。通过在原建筑结构周边进行加建一定数量的局部建筑物、构筑物或附属设施，与原有结构在功能或者形式上保持一致，在拓展原空间可利用性的同时激发各区域间的交流与共生。如图 3.6 所示。

(a) 苏州 989 文化创意产业园 　　　　　　　(b) 苏州容创意产业园

图 3.6　外部空间加法

3. 外部空间减法

外部空间减法协调了再生项目中整体与局部的双重内涵，运用园区景观中的整体与局部以及各区域组团之间共生的关系，在既有建筑改造中引入共享空间，即建筑空间中的"灰空间"，而庭院与建筑的同步发展也营造了简朴而明快的创意空间。传统工业建筑由于生产和管理的需要，多采用封闭的单体厂房建筑。为满足部分园区的交互性，对原有封闭建筑空间做减法，将部分室内空间转化为共享空间，同时引导既有建筑局部打破封闭空间，利用景观走廊等活动空间淡化内外空间界限，增进与自然的互动以及与各区域的交流融合。如图 3.7 所示。

(a) 项目一 　　　　　　　　　　　　　(b) 项目二

图 3.7　外部空间减法

4. 内部空间分割

为满足工业生产需求，既有工业建筑设计时多为单一的大空间结构，若直接利用一般难以实现以文化娱乐为主的新功能，因此常采用分割内部原有空间的方法加以改造。具体而言，分析现有空间的改造需求及其与原有空间的契合因素，通过表面分割、端点分割、测角修正等空间分析技术及其原理，使用横向分割、竖向分割、异形分割等再生利用技术，最大化地利用原有空间特色。

横向分割是指在原有建筑空间内，根据实际需求划分水平界面，并使用合适构件隔断分割，按照使用空间的特点主要分为围合空间和半围合空间。半围合空间多采用开放的界面材质，如玻璃等，其划分的是一种空间的界定，模糊界面而凸显空间，形成功能限定明确的开放空间。围合空间则具有较强的空间感，采用封闭界面，如混凝土、板材等，分隔为相对封闭的空间，适用于空间独立性要求较高的场所。

竖向分割是指在原有建筑空间内，通过增加楼板等方式划分出多层空间，以满足实际功能。在旧工业建筑室内增加楼层或夹层，可以在保留建筑屋盖及外墙等结构，保留工业建筑的历史风貌的同时，实现内部空间的组织优化，同时，局部悬挑或悬挂的空间分割方式形成上下空间交融贯通的共生空间。如图3.8所示。

异形分割是指在原有建筑空间内，将原有的分割形式全部拆除，按照新的功能和艺术要求，采用非常规异形体划分空间的一种设计手法。这种方法一般用于营造创意产业园内极富艺术表现力和冲击力的展示空间，但是由于采用了全新的形式和结构，"异形元素"的方式与原有建筑形成对比，对原有建筑内部空间结构影响较大，在一定程度上影响了建筑的历史延续性。

(a) 项目一　　　　　　　　　　　(b) 项目二

图 3.8　既有建筑内部竖向分割

5. 内部空间拆除

既有建筑内部空间拆除指对建筑内部空间进行局部或者全部拆除。当原有建筑结构影响空间重构时，一般通过拆除原有的楼板、墙体、梁、柱等构件释放空间潜力，为空间划分清除障碍，有助于展开适应性统筹规划。

3.3.2 既有建筑结构改造

1. 外接式

旧工业建筑再生利用中外接的改建形式，其实质是在原有旧工业建筑周边一定范围内加建一定数量的局部建筑物、构筑物或附属设施，与既有建筑结合为一个整体，对再生利用后的建筑功能进行补充。根据外接部分结构与原结构间的受力情况不同，可分为独立外接结构和非独立外接结构。

（1）独立外接

独立外接结构，即分离式结构体系，指新增结构与既有建筑结构完全断开，独立承担各自的水平和竖向荷载。

外接部分体量相对较小，但由于独立外接部分与既有建筑相互分离，一般常见于砌体结构和钢结构等形式。

（2）非独立外接

非独立外接结构，即协同式受力体系，指既有建筑结构与新增结构相互连接。

1）主要特点

①非独立外接与原结构有部分的连接或搭接，新增结构的部分荷载通过新老结构间的联系传递给原有基础，再传至地基。

②非独立外接部分的施工不影响既有建筑的施工、使用和维护，即旧工业建筑再生中的外接部分可不停产、不搬迁。

③非独立外接部分与既有建筑部分相比，体量较小，仅作为既有建筑部分的补充，以完善和方便旧工业建筑再生利用后的运营和使用。

④非独立外接的部分为新建建筑，为保证新老建筑融合共生，需采用与周围建筑相协调的建筑材料和装修风格。

2）节点连接分类

非独立外接部分与既有建筑部分相互连接，根据连接节点的构造，可分为铰接连接和刚接连接。

①铰接连接。连接节点仅传递水平荷载而不传递竖向荷载，在水平荷载作用下，两者协同工作，但原建筑结构和新增部分结构承担各自的竖向荷载，如图 3.9（a）所示。《建筑物移位纠倾增层与改造技术标准》T/CECS 225—2020 中规定：新旧结构均为混凝土结构，新结构的竖向承重构件与原结构的竖向承重构件互相独立，但新结构利用原结构经改造后的抗侧刚度共同抵抗水平作用。

②刚接连接。原建筑结构和新增外接结构刚接时，连接节点同时传递水平力和转动力矩，共同承担竖向荷载、水平荷载与弯矩，如图 3.9（b）所示。

(a) 铰接连接　　　　　　　　　　　　　(b) 刚接连接

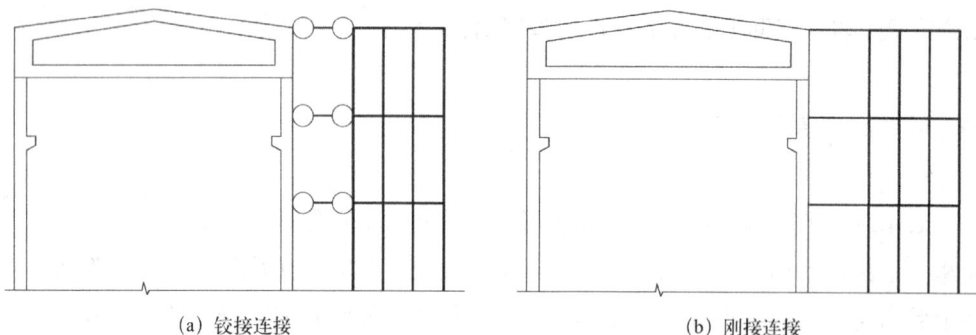

图 3.9　主体结构节点连接形式

3）关键节点处理

对于旧工业建筑再生利用非独立外接的改建形式，在施工过程中的关键部分是新老建筑之间的节点处理。外接施工中的常见情况有钢结构与混凝土结构连接，钢结构与钢结构连接等。

①梁与钢筋混凝土柱连接。外接施工中新增的钢结构与既有混凝土柱相连接，导致混凝土柱的受荷面积增加。由于原有旧工业建筑建造年代久远，难以确定混凝土柱的承载能力，针对这种情况，首先需要对既有混凝土结构进行检测与加固，并在梁柱连接处采取特殊处理，如采用铰接连接钢梁与钢柱，此时钢柱只承受钢梁传递的轴力，不承担弯矩。同时，紧靠既有混凝土柱设置工字形钢柱，沿着混凝土柱的长度方向，每隔一定距离植入钢筋连接新旧结构，使其与既有混凝土柱连成一体，并通过螺栓连接到原有混凝土柱的承台。

②钢梁与钢筋混凝土梁连接。主要采用铰接的方式，通过钢梁的连接螺栓和钢筋混凝土的锚栓，将二者联系起来，连接过程中应首先考虑复合钢筋混凝土的承载力问题。

③钢构件与钢构件连接。钢结构之间常用的连接方法包括焊接、普通螺栓连接、高强度螺栓连接和铆接。由于钢结构自身强度较高，旧工业建筑再生利用施工中较常采用螺栓连接的方式，直接连接新老钢结构。

2. 增层式

旧工业建筑再生利用中增层的改建形式，其实质是在原有旧工业建筑内部、上部或外部进行增层。根据增层部分与既有建筑结构的位置关系，可分为上部增层、内部增层和外套增层，其中内部增层较为常见。

（1）上部增层

指在既有建筑主体结构上部直接增层。上部增层充分利用原建筑结构及地基的承载力，通过增加上部空间满足新的功能需求，但此种改造方式需要原有旧工业建筑的承重结构具备一定承载潜力。增层部分应保证其建筑风貌、结构体系与原建筑一致，充分考虑荷载的传递路径，如使房间的隔墙尽量落在原有旧工业建筑梁柱位置，增层施工前需了解原有系统的布局和走向，合理规划屋中设备设施及给水排水、燃气、暖气、电气设备的布局，尽量做到统一，减少管线的敷设，以最大限度地避免渗漏。

根据既有建筑结构类型的不同，上部增层的改建形式主要分为：砌体结构上部增层，钢筋混凝土结构上部增层，多层内框架结构上部增层，底层全框架结构上部增层。

1）砌体结构上部增层

旧工业建筑虽建造年代久远，但由于其多采用砌体结构且层数不多的建筑特点，就其墙体自身承载力而言，在原高度上增加 1~3 层，将总层数控制在 5 层或 6 层以下，难度并不大。因此，当原结构满足现有功能的空间需求时，复核验算地基基础和墙体的承载力，若原结构承载力及刚度能满足增层设计和抗震设防要求，可不改变原结构的承重体系和平面布置，使用相同或相近材料在原有结构上直接砌筑，如图 3.10 所示，最后铺设楼板和屋面板。

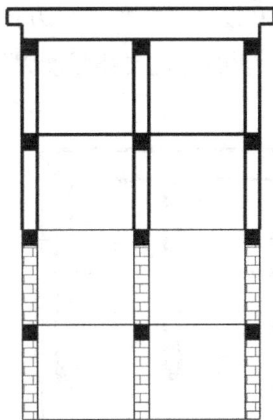

图 3.10　砌体结构上部增层

砌体结构上部增层时，若既有工业建筑承重墙体系、基础承载力和变形无法满足增层后的结构要求，可通过新增承重墙或柱，或改变荷载传递路线来分担上部加建结构的新增荷载。如原为横墙、纵墙自承重的砌体结构，增层后可改为纵横墙同时承重，但改造施工前需重新验算墙或柱的承重能力与稳定性，且满足相关标准的要求。

当既有工业建筑为平屋顶时，应计算分析其承载能力。若建筑结构跨度较大或屋面板厚较小时，需进一步核算板的挠度和裂缝宽度，所有条件都满足时即可将屋面板用作增层后的楼板，否则应拆除屋面板，重新浇筑楼板。当既有工业建筑为坡屋顶时，则需将原有屋面拆除，重新进行楼板施工。

2）钢筋混凝土结构上部增层

当既有工业建筑为框架或框架 - 剪力墙结构时，上部增层一般采用框架结构、框架 - 剪力墙结构或钢框架结构。

框架结构增层时需要新建剪力墙形成新型结构体系，或采用防屈曲约束消能支撑，以减小组合结构的地震反应，并需通过抗震验算，以保证加建结构与原有结构的安全性。由于是直接在既有钢筋混凝土结构顶部进行增层施工，增层结构与既有结构顶层梁柱、剪力墙节点的连接处理是保证结构整体性和抗震能力的关键。采用钢结构增层时，增层后结构沿竖向质量、刚度有较大突变，需尽量使空间划分与既有工业建筑结构一致，以保证增层后结构的整体刚度沿竖向均匀、连续变化。采用其他增层方式时，尚应注意因增层带来结构刚度突变等不利影响，需进行验算，必要时应对原结构采取加固措施。

3）多层内框架结构上部增层

当既有工业建筑是多层内框架结构时，新增上部结构与原有下层结构相同。若既有工业建筑为砌体结构，则内框架钢筋混凝土中柱梁、砖壁柱应设置至顶，如图 3.11 所示。根据抗震规范要求，需在每层设置现浇钢筋混凝土圈梁，且于房屋四角设置抗震构造柱，普通砖或砌体可以在新增层的抗震纵横墙中使用，其中抗震横墙的最大间距应按照《建筑抗震设计规范》GB 50011—2010 设计。此种增层方式的可行性取决于原建筑结构中钢筋混凝土内柱和带壁柱砖砌体的承载能力及其补强加固的可能性。

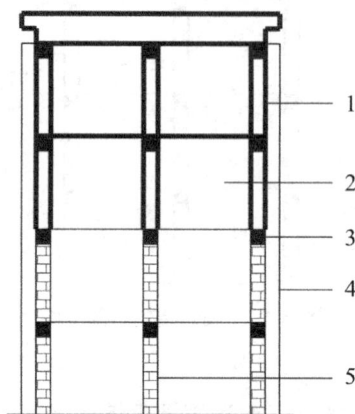

1—新增水平和垂直墙用砖或小砌块，框架填充用加筋砌块或加气混凝土块；2—原屋面坡用加筋砌块或加气混凝土块找平；3—第 2 层采用外加圈梁；4—四边角抗震构造柱；5—原内框架中柱，砖壁柱

图 3.11　多层内框架砌体结构上部增层

多层内框架砌体结构的上部增层，可视结构需要在外墙设置钢筋混凝土附加柱，并且依据建筑结构中柱与梁的约束关系判断节点连接方式。此外，需保证原框架结构的配筋及梁、柱节点满足抗震规范要求，否则应先对既有建筑结构进行加固。

4）底层全框架结构上部增层

旧工业建筑多为框架结构，再生利用中若以框架结构工业建筑为下部支撑，增层部分通常采用刚性砌体结构。首先，分析底部框架结构的承载潜力，在满足要求的底框结构中新增钢筋混凝土抗震墙，使新增墙体在既有结构的纵向和横向均匀对称布置，并与原框架可靠相连。按照《建筑抗震设计规范》GB 50011—2010 的要求，第二层与底层侧移刚度的比值，在地震烈度为 7 度时不宜大于 3.0，8 度和 9 度时不应大于 2.0，以分担上部加层中增加的垂直荷载和水平荷载。

若经结构检测后证明底层框架结构不能满足抗震要求或增层承载力，也可将"口"形刚架与原框架有机结合，利用组合梁柱结构提高再生建筑的整体性与承载能力，如图 3.12 所示。

值得注意的是，底部框架和上层砌体结构仅适用于非地震区；若处于地震区则需在既有建筑结构中采取相应加固技术，以增加底层结构的承载力，同时在上部增层时使用轻质砌块。

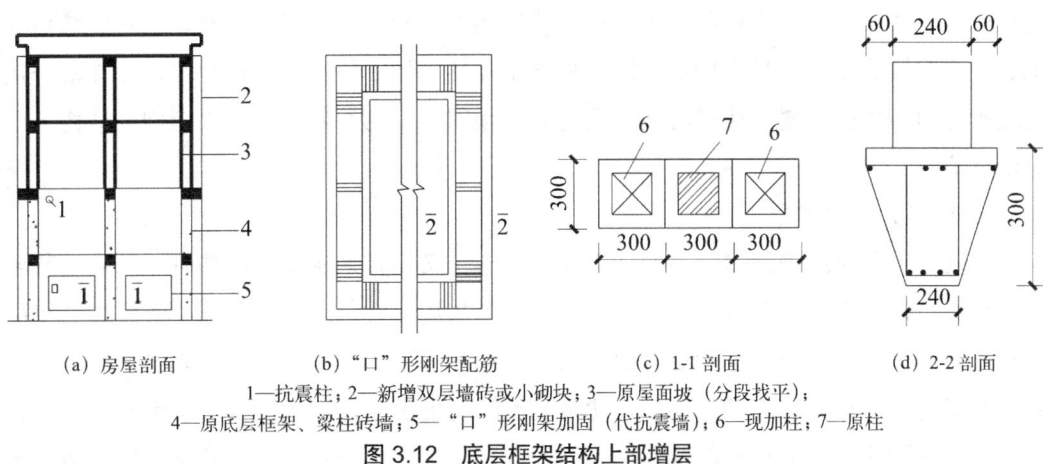

(a) 房屋剖面　　　(b) "口"形刚架配筋　　　(c) 1-1 剖面　　　(d) 2-2 剖面

1—抗震柱；2—新增双层墙砖或小砌块；3—原屋面坡（分段找平）；
4—原底层框架、梁柱砖墙；5—"口"形刚架加固（代抗震墙）；6—现加柱；7—原柱

图 3.12　底层框架结构上部增层

(2) 内部增层

指在旧工业建筑室内增加楼层或夹层的一种改建方式。它的特点是：可充分利用旧工业建筑室内的空间，只需在室内增加承重构件；可利用旧工业建筑屋盖及外墙等部分结构，保持原建筑立面。此种改建方式既保有既有建筑的工业特色，又实现了内部空间的组织优化，是一种更为经济合理的增层方式。

旧工业建筑多使用大跨度结构，如仓库、车间等单层或多层砌体结构房屋，增层荷载可直接通过原结构传至原基础；或新设结构，转移荷载至新基础上，即采用新增承重横墙或承重纵墙的改造方案；也可采用增设钢筋混凝土内框架或承重内柱的增层方案；还可以采取局部悬挑式或悬挂式来达到增层目的，但此类结构侧向刚度较差，并且大部分原建筑的墙体在加层后难以承受所有的荷载，尤其是水平荷载。

综合考虑原房屋的结构情况、抗震要求与现使用需求等多方面因素，应在平面功能容许的条件下，合理增设承重墙体和柱子，合理转移增层荷载，使新老结构协同工作。内部增层改建多采用整体式、吊挂式和悬挑式三种形式。

1）整体式内部增层

整体式内部增层是指将既有工业建筑内部新增的承重结构与既有结构连在一起，共同承担增层后的总竖向荷载及水平荷载。整体式内部增层的优点是可利用既有工业建筑墙体、基础潜力，整体性好，有利于抗震；缺点是有时需对旧工业建筑进行加固。

根据使用功能要求，可以利用原结构柱直接增设楼层梁的增层方法，将既有工业建筑内部大空间改为多层。这种增层方法常用于局部增层，增层后荷载由原结构柱及其基础承担，因此大多需要对原结构进行加固处理。

2）吊挂式内部增层

当既有工业建筑内部净高较大，且增层部位楼板或其他水平构件的新旧结构连接不方便时，吊挂式内部增层通过吊杆将荷载传递至既有结构上部的梁、柱构件，实现与原结构的可靠连接。这种方式仅增加较小荷载便能垂直分隔现有建筑空间，但对原结构的承载能力有较高要求。吊挂增层中的吊杆属于弹性支撑，仅承受轴向拉力，并具备一定的转动能力，因此在增层楼板与原建筑之间应预留一定的间隙，不得限制增层结构上下自由移动。

3）悬挑式内部增层

当既有工业建筑内部增层不允许立柱、立墙，又不宜采用悬吊结构时，可采用悬挑式内部增层。此方法主要应用于在大空间内部增加局部楼层面积，且该增层面积上使用荷载不宜太大。通常做法是利用内部原有周边的柱和剪力墙做悬挑梁，确保悬挑梁、柱和剪力墙有可靠连接且为刚性连接，此时悬挑的跨度也不宜太大。由于悬挑楼层的所有附加荷载全都作用在原结构的柱和墙上，因此，通常需要验算原结构基础及柱、墙的承载力，必要时采取加强和加固措施。

4）其他内部增层

除了上述三种内部增层方式外，旧工业建筑内部增层还有以下几种情况：①因生产工艺改变要求，在内部增设各种操作平台。②因使用功能改变，需在内部增加设备层。

（3）外套增层

指在既有工业建筑上增设外套结构进行增层。外套增层的大部分荷载可通过外套结构构件直接传给新设置地基和基础，因此当在既有工业建筑上要求增加层数较多，需改变建筑平面和立面布置，或者原承重结构及地基基础难以承受过多的增层荷载，且在施工过程中不能中止时，由于无法采用上部增层，可用外套增层代替。外套增层不仅可使原有土地上建筑容积率增大几倍到几十倍，达到有效利用国土资源的目的，而且其现代化的建筑造型可与周围新建建筑相协调，达到对旧工业建筑进行现代化改造和更新的目的，提升城市现代化的整体水平，但相对改造费用较高。

3. 内嵌式

旧工业建筑再生利用内嵌，是指当既有工业建筑室内净高较大时，可在室内嵌入新建筑，它是在原建筑室内增加楼层或夹层的一种改建方式，类似于内部增层。但与内部增层不同的是，内嵌是在室内设置独立的承重抗震结构体系，新增结构与原有结构完全脱开，如图 3.13 所示。

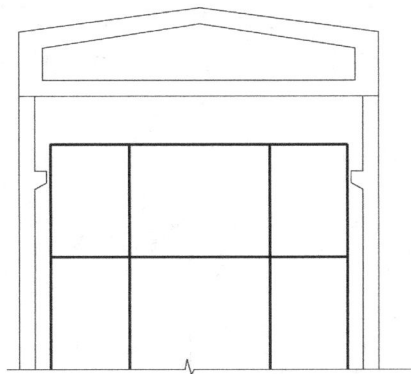

图 3.13　内嵌结构

一般情况下，由于使用功能的要求，需要将原有大空间的房屋改建为多层，并在大空间内增加框架结构，通过内增框架将荷载直接传递给基础，室内新增框架与原建筑物完全断开。

采用内嵌改建形式时，由于新增部分结构与原有旧工业建筑主体结构完全断开，新增部分与原有结构可按各自的结构体系分别进行承载力和变形的计算，无须考虑相互间的影响。且新增结构与原有结构脱开，结构设计意图明确，可按一般新建建筑进行承载力和变形计算。

4. 下挖式

旧工业建筑再生利用下挖，是指在不拆除原有旧工业建筑、不破坏原有环境以及保护文物的前提下，将原有旧工业建筑进行地下空间开挖，以创造新的地下空间等，从而合理地解决新老建筑的结合和功能的拓展问题。

下挖的改建形式主要有延伸式、水平扩展式和混合式三种。

（1）延伸式下挖

延伸式下挖是指通过下挖直接在旧工业建筑地下向下延伸。这种改建方式虽然不占用既有建筑周边地下空间，但受到建筑占地面积的限制，若既有建筑本身占地面积不大，则下挖空间有限，难以满足空间需求，且造价较高。如图 3.14 所示。

（2）水平扩展式下挖

水平扩展式下挖是为了充分利用原有旧工业建筑周边的空地或绿地，将闲置空间扩展为地下室，增加既有建筑空间的多样性。该方式根据周围的环境设计下挖空间，且可将下挖与增层有机结合，形成外扩式的新型建筑空间，如图 3.15 所示。水平扩展式下挖成本相对较低，很少受到既有建筑物结构条件的限制，可提高既有空间的使用效率，挖掘土地利用潜力。

（3）混合式下挖

混合式下挖是水平扩展式下挖和延伸式下挖的组合，可以扩大建筑自身的地下空间，并利用建筑周边地下空间进行下挖。这种改建方式可以使既有建筑的地下空间敞开，充分利用有效的地下空间资源，是较好的下挖方式。如图 3.16 所示。

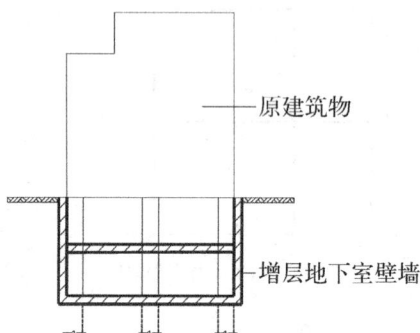

图 3.14　延伸式下挖

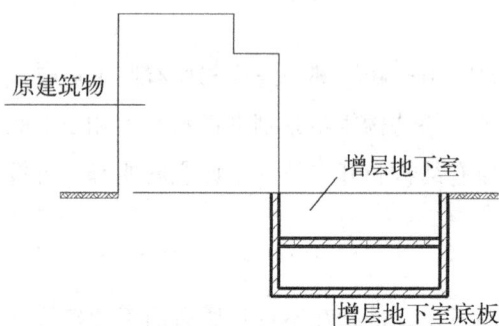

图 3.15　水平扩展式下挖

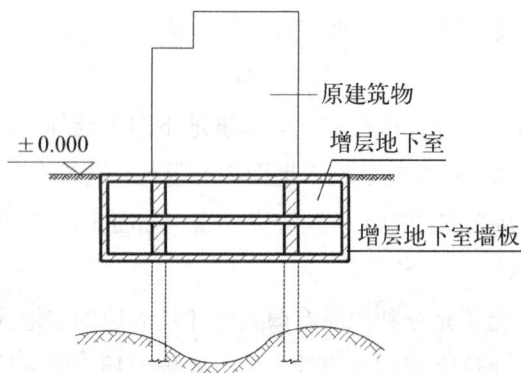

图 3.16　混合式下挖

3.3.3　既有建筑风貌修复

1. 明确主次

旧工业建筑由于其时代特点与生产需求，原建筑立面或整体围护结构通常具备鲜明的结构及造型特征，如烟囱、水塔和粮仓等极具工业感的高耸构筑物。但是，既有建筑再生的对象往往为一定区域内的工业建筑，其中各单体建筑存在诸多差异。旧工业建筑再生利用中对既有建筑风貌的修复并非将所有建筑恢复原状，而是需要明确并协调好既有建筑之间的主次关系，以更好地重现其时代精神。

表皮更新是既有建筑风貌修复的主要方式，应结合建筑自身的功能、结构特点，依据既有建筑之间、建筑自身各部分之间的主次关系设计修复方案。再生过程中合理利用旧建筑原有表皮、功能与建筑空间构成，在满足现有需求的同时恢复既有建筑历史风貌，而建筑风貌的再现也强化了现有建筑及建筑群的旧工业特征，使旧工业建筑的精神内核在当代城市中得以延续。如图 3.17 和图 3.18 所示。

| 图 3.17　首钢园内筒仓 | 图 3.18　798 艺术区内构筑物 |

2. 强调对比

旧工业建筑因其特有风貌与其他城市空间形成鲜明对比，为区域发展注入活力，丰富城市的功能与形态。因此再生设计时应综合考虑既有建筑的结构特点与其区位因素，运用对比的表现手法，加强建筑的生动性，利用新旧建筑的碰撞与对话使人们更好地感知城市空间的魅力。

对比的手法多种多样，通常以既有元素为切入点，如建筑体量大小、立面虚实、材料质感以及色彩对比等，充分发挥各要素之间的差异性，强调旧工业建筑的传统风貌，并在对比中实现区域建筑的和谐统一，使旧工业建筑融入城市肌理，如图 3.19 和图 3.20 所示。此类修复方法有利于统筹既有建筑的空间关系，烘托各自特点，为新旧建筑共生与区域空间规划提供新思路，激发城市空间的创造力。

图 3.19　楚天 181 文化创意产业园外立面　　图 3.20　青岛纺织谷内建筑墙面涂鸦

3. 注重节奏与韵律

节奏和韵律是建筑艺术形象的重要构成因素，前者是建筑形式要素的规律性表达，后者则发生在节奏基础之上，使建筑形式要素有秩序地变化。因此，节奏与韵律在建筑中既相互依存又相互促进。韵律具有条理性、重复性及连续性的表现特征，在旧工业建筑再生中一般运用循环、渐变、起伏、交错的形式，赋予既有建筑新的空间关系；而节奏为再生中的变化提供了尺度，实现既有建筑之间、新旧建筑之间以及区域整体内的和谐统一。

再生设计时，应注重节奏与韵律感的把握，延续原结构中元素的节奏与韵律，使新建建筑与保留的传统风貌和谐统一（图 3.21、图 3.22）。例如，保留原结构中的锯齿形屋顶及天窗，运用循环的韵律强化既有建筑风貌，也可在此基础上加入起伏的韵律，对部分元素加以强调，使再生建筑在形态组合或细部处理上更加起伏生动。

图 3.21　和丰创意广场小洋楼　　　　图 3.22　青岛天幕城内建筑

4. 利用基本比例关系

比例，即整体与局部或局部与局部之间存在的关系，这种关系不仅仅是度量与级别的数学关系，也是重要性的具体表现。比例在旧工业建筑再生中主要分为整体比例和划分比例。整体比例是既有建筑自身的长、宽、高之比，与建筑物的建成时间、技术环境以及使用功能密切相关；划分比例则描述了局部建筑或构件在既有建筑整体中所占大小的尺寸关系。既有建筑受发展特点和使用功能影响，其特有的比例系统使空间划分具有极强的秩序感，且由于存在时间较长，已经获得人们的普遍认同。因此，可利用原有比例系统，使再生后建筑的各种要素相互联系，加强新旧建筑的连续性。

5. 提取历史符号

特殊的时代背景与生产特征在旧工业建筑中留下了鲜明的印记，包括锯齿形屋顶、V 形折板屋盖等结构特征，以及大跨度厂房、烟囱、水塔等极具工业特色的建（构）筑物。这些隐藏于旧工业建筑中的特殊印记是时代的见证者，也是连接过去与现在的桥梁，通过提取其中的历史符号，结合再生后的使用功能，营造穿越时代的空间体验，使工业风貌得以延续。如图 3.23 和图 3.24 所示。

图 3.23　广州太古仓码头内建筑　　　　图 3.24　青岛博物馆墙面涂鸦

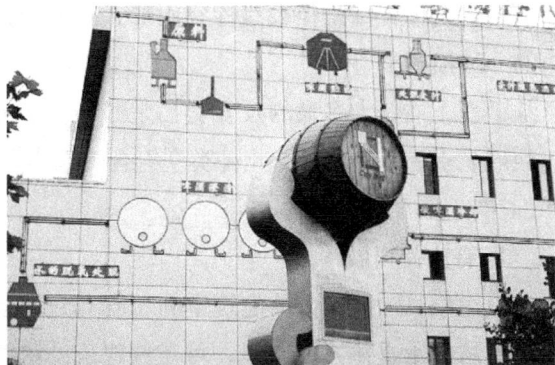

3.4　既有建（构）筑物再生利用的形式

在新旧功能置换和空间改造处理上，无论是各自独立还是相互融合，都有一个共性，即运用了当代建筑技术和新型材料并充分考虑了旧建筑的结构体系及安全性。既有建筑再生的表现形式丰富多样，若以既有结构的改变程度为依据，可总结为三种形式：原有结构优化、既有空间拓展、新老建筑共生。

3.4.1　原有结构优化

在旧工业建筑再生利用中，若既有结构空间基本满足现有功能需求，且具有较好的承载能力，再生后可承担主要功能时，在不影响旧工业建筑结构整体稳定性的前提下，可通过对原有结构体系的局部增加或减少来重新组织结构要素，对既有建筑空间进行再划分，以优化其使用性能。

1. 隐新于旧

指新的建筑在旧工业建筑的内部空间以独立的形式存在，不与原界面有任何形式上或结构上的关联。这种组合关系通常出现在内部空间相对高大的旧工业建筑改扩建设计中，通过将新的建筑置于原有体量的单体内部来改变之前单调均质的生产性功能空间氛围。

选择这种组合模式的改扩建设计，扩建部分因为处在旧有建筑包围之中，其规模与空间形态在很大程度上受到旧有体量的限制。

2. 穿插咬合

指既有建筑体量之间的部分重合和体量咬接。从外观上看，新建筑紧紧地"寄生"在旧建筑体量上，形式上却常常与旧建筑完全不同，能清晰地被观者识别，新旧之间产生一种相融又相异的视觉效果。

3. 线性穿越

指新建筑体量以路径或线性空间形式从既有建筑内部穿过。穿越其实是咬合穿插关系中的一种极端类型。

从平面上看，大多数的咬合穿插是"面"形元素部分重合，而线性穿越则是线形元素与面形元素的部分重合。此种类型组合关系中，新建筑通常是对既有建筑功能的补充。

3.4.2 既有空间拓展

若拟建项目需要较大的建筑空间，既有建筑自身难以满足时，基于旧工业建筑一般具有良好结构承重体系的前提，可在原建筑结构基础上、原体量内部空间中或在直接毗邻原建筑体量的空间范围内，对既有建筑功能进行置换、补充或扩展。

1. 垂直叠加

指新建筑体量直接位于旧有体量的垂直上空。新旧建筑垂直叠加的组合关系可以在原建筑空间容量不足或旧功能亟须得到更替的条件下，不增加占地面积、不改变旧建筑边界的同时对其进行改扩建，有效增加建筑面积，提高容积率，满足经济要求，并使两者在垂直方向上的空间秩序得到最大程度的延续和修正。

因此，设计中应该充分考虑原结构的承载力是否满足要求，是否应该进行结构加固处理。垂直叠加的组合关系多适用于框架结构的旧工业建筑的改扩建，其规模和空间形态都相对自由、灵活。

2. 水平邻接

指新建筑在水平方向上与既有建筑体量直接并联，新旧建筑共用同一面墙体，或者是有并排紧靠的一组墙体。水平邻接通常用于旧工业建筑规模、层数都较小，无法满足新功能需要的情况。若既有建筑的结构和地基无法承受大规模的调整，或建筑周边有处于改扩建中的发展用地，也可采用此种方法拓展使用空间。

新旧建筑水平邻接时，新建部分的空间形态和结构体系与旧有部分直接发生关系，改扩建的规模和空间形态都不会受到很大的限制，但应注意新旧建筑之间功能与空间的联系以及新旧建筑邻接界面的处理。

3. 地下延伸

地下延伸是"垂直叠加"的相反概念，即新建筑位于旧体量的底部以下。通常来说，当旧工业建筑极具保留价值，其环境、建筑风格均不可破坏时，或者地面条件不足以进行改扩建时，新旧建筑之间即为地下延伸的组合关系。在保留地面以上部分不变的前提下，这种组合关系能够在很大程度上提高土地利用率，增加建筑功能的容纳空间，运用建筑形态的呈现与消隐同时强调历史与现代精神，使整个改扩建设计展现出谦和的历史态度与大胆的现代思维。

然而由于施工难度较大，相较于其他几种方式，采取这种组合关系的改扩建设计建造成本较高，对技术条件的要求相对更苛刻，且需要在设计阶段充分考虑下挖施工对于既有建筑的损害，以及新旧结构交接处的节点设置。

4. 表皮包裹

指用新的建筑表皮对既有建筑进行大面积覆盖，与本体之间形成一个新旧对话的间隙空间。表皮包裹与建筑设计立面改造中的表皮置换类似，但后者建筑立面旧有材料被替换为新材料，而前者新表皮材料与旧有立面材料同时存在。大多数情况下，旧材料为新表皮的背景，新材料是透明或半透明的，新旧结构互为映射。另外，表皮包裹将原本的室外空间室内化，在新旧体量之间形成了新的空间关系。

采取这种组合关系的改扩建设计需要仔细考虑新表皮材料的选择、新材料与旧建筑的交接关系以及既有结构的承载能力。

5. 屋顶覆盖

指在旧工业建筑的上空加建一个独立的屋顶结构体系。这种组合关系常出现于需要对多个旧工业建筑进行整合、统一的改扩建设计中。

采取这种组合关系的改扩建设计需要对既有结构的承载能力进行评估，同时需要重点关注改扩建后整体建筑的流线设计。

3.4.3　新老建筑共生

目前，许多旧工业建筑保存状况不佳，结构质量差或承载能力低，或者由于某些客观的原因，改造后需要开敞的空间，又或者新功能空间的承载要求较高而原有结构承重体系远不能满足使用要求，这时候就必须采用全新的独立结构承重体系，与原有的结构体系脱离开来。

这种改扩建类型能完整地保留工业建筑的外部形态特征，新建筑通常在旧建筑外另择场地进行建造，二者不能发生多余的关联，多数情况下还需要对内部空间采用最新的建筑材料和方式进行改造，因此这种改扩建方式一般造价较高。

1. 水平独立

新旧建筑水平独立是一种分置两全的组合关系，指新建筑在旧工业建筑边界之外沿水平方向的一侧或多侧另择场所建造。

水平独立的组合模式中，旧工业建筑得以完整保存，而新建筑可以采用当下最新的建筑技术与风貌特征进行建造，与旧建筑一起形成矛盾冲突的局面，新旧体量分属不同的体系，二者共同形成一个双重体系的构成状态。通过新旧建筑之间的冲突与融合，使其构成的整体更加富有张力。

由于扩建部分的空间序列、结构体系以及建设规模并不会受到既有建筑的约束，具有相对灵活的结构布置，但彼此独立的建筑形象可能削弱新旧建筑空间的相互联系。

2. 涵旧于新

这种方式可以视作"隐新于旧"的相反操作，是用新的建筑体量完全将旧建筑容纳在内以增加新的使用空间的方法。

将旧工业建筑完全包含于新建筑内部，新增加的结构体与原有结构体不接触，而且不会增加原有结构的荷载，适用于具有保护价值的旧工业建筑，但有可能会对原结构体产生间接影响。

第 4 章　既有道路交通再生利用机理解析

4.1　既有道路交通再生利用机理解析内涵

4.1.1　既有道路交通再生利用机理框架

旧工业建筑再生利用时，既有道路交通的价值主要包括对历史文化的传承、满足使用功能的要求以及社会发展的需求。为了使既有道路交通达到再生利用后的目标，可通过特殊道路再生利用、厂区内部路网再生、交通方式结构完善三个途径实现。最终达成既有道路交通功能再生后的新目标，其表现形式包括保留原有交通片段、道路交通组织优化和城市空间立体的融入。既有道路交通再生利用机理框架如图 4.1 所示。

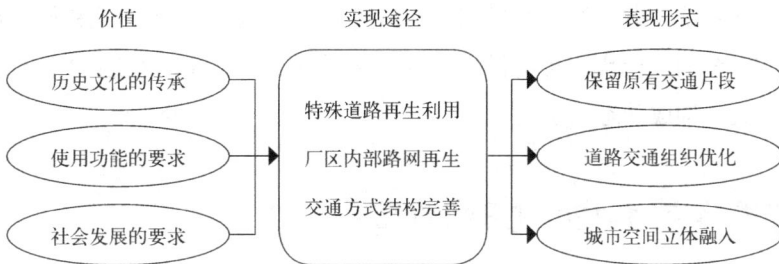

图 4.1　既有道路交通再生利用机理框架

4.1.2　既有道路交通再生利用要素

旧工业厂区既有道路交通构成要素一般分为人、车、环境。

1. 人

指机动车驾驶员和非机动车驾驶员、行人、乘车人以及在道路上进行与交通有关活动的广大交通参与者。人是交通系统的主导。人在交通行为中的心理和生理特性属于交通心理学的范畴，驾驶员在驾驶车辆过程中，一般遵循着刺激—感知—感觉—判断—行动的活动规律，即遵循 S—O—R 模式。

人的交通特性涵盖内容广泛，诸如驾驶员的操作特性、个人差异特性、反应特性、视觉特性、疲劳、饮酒、人体生理节律等，以及生活环境与驾驶时的心理特点、行人的心理状态、交通安全教育等。

2. 车

主要指机动车，其中汽车的构成种类很多，按照使用途径、道路适应性、行驶机构及所采用的发动机等各方面特征，可以将汽车分为四种类型。

（1）按汽车的用途、运输对象和使用目的，可分为重型汽车、轻型汽车、公共交通汽车和特种汽车。

（2）按汽车的道路适用性，可分为普通汽车和越野汽车。

（3）按汽车的行驶机构，可分为轮式、半履带式、车轮—履带式和水陆两用汽车。

（4）按汽车的发动机类型，可分为电动汽车和活塞式内燃机汽车，后者根据使用燃料的不同又可分为汽油汽车、柴油汽车及天然气汽车。

3. 环境

指旧工业厂区及周边道路上的通行空间及其周围建筑、设施、林木等景观与气候、废气、噪声以及各种交通现象所构成的静态和动态的交通环境。

人、车、环境是道路交通系统不可或缺的三个组成部分，三者相互依托、相辅相成，任何一个组成部分的行为或特质都会对道路交通整体产生影响，而这种影响又都依赖于其他组成部分的行为和性质。也就是说，每个组成部分对道路交通整体的影响都不再是一种独立的性质，而是一种相互联系、相互作用的效应，是一个涉及人的行为在自然环境中构成的复合系统，以及系统的状态变量（时间）。例如，汽车司机和行人在路上的心理及生理反应，车辆运行状态及其行径的道路与周围的环境等，都随时间的变化而变化，都是时间的函数，构成动态系统。

4.2 既有道路交通再生利用的价值

既有道路交通再生利用的主要目的是使原有不再具备使用功能或是存在损毁破坏的道路得到二次使用的机会。旧工业厂区对我国社会发展建设发挥过重大作用，其历史意义不容忽视，作为旧工业厂区的骨架即道路来说，如何在重构的过程中保留住历史的影子也是需要着重考虑的因素。

4.2.1 历史文化的传承

1. 无法替代的城市印记

美国建筑师柯林·罗（Colin Rowe）曾提出著名的"拼贴城市"理论，该理论对城市旧工业厂区的保护与再生利用产生了极其深远的影响。柯林·罗反对以城市发展和现代化建设的名义对旧工业建筑进行大拆大改，主张城市的发展应该保持不同历史时期的痕迹，"更新"与"保留"二者在城市中和谐共生，以新陈代谢的方式来引导城市的客观发展。拼贴城市理论建议当既有建筑结束其使用功能但仍具有使用寿命时，宜对其进行保护与重新维修，通过更新治理的手段使该建筑进入能够再次循环使用的周期中。一方面，保存了城市发展的印记，承载着城市的历史脚步；另一方面，也符合可持续发展理念的需求。

旧工业建筑形成的工业景观是每一个城市独有的城市特色，这些印刻着时代印记的燃料罐、水库、烟囱和形态各异的旧工业建筑，如图 4.2 所示，形成了具有多重价值的工业遗产，也成了城市中独具特色的地标建筑。而这些地标建筑中的既有道路不仅是旧工业厂区的一部分，也是历史留下的一条轨迹。

(a) 同乐坊　　　　　　　　　　　(b) 当代艺术博物馆

图 4.2　旧工业景观

2. 从"模糊地段"到"核心聚集区"

旧工业建筑群和旧工业用地因其规模和使用需求，在城市中占地面积往往较大，并占据较好的地理位置，同时，能够与周边居住区和城市的公共交通区域相结合，因此该地段边界较为模糊。随着时间的迁移、产权的变更及经营主体的更替，旧工业建筑往往处于产权关系复杂却又无人负责的境地，导致位于黄金地段的旧工业建筑空间变成城市中的"失落空间"，形成了城市中的"模糊地段"。

在这种情况下，如何使城市中的"模糊地段"发展成为"核心聚集区"，不同的旧工业厂区再生利用采取了不同的方式，通过自上而下的决策和统筹管理，将原有的单一生产功能转变为多元化的丰富创意产业，再次激发了地段的活力。例如，上海八号桥时尚创意中心，如图 4.3 所示，是由原来上海汽车制动器厂的旧建筑改造而成的。改造过程中，将原有的七栋老建筑再次投入使用，在立面修整方面采用原建筑材料，减少违和感；通过采用凹凸不平的砌砖方式突出墙面的肌理层次；选用连廊、天桥等连接形式将相对孤立的建筑联系在一起，使厂区成为一个整体，焕发新的生机。

（a）艺术街景　　　　　　　　　　　　（b）凹凸墙面

图 4.3　上海八号桥时尚创意中心

4.2.2　使用功能的要求

如何恢复基本的通行能力，是既有道路交通重构最基本的核心内容之一。对破损或不再具备使用价值的道路进行再生利用之前，应先了解道路交通的基本属性或交通特性，根据不同厂区自身交通特点，恢复路段通行能力，更好地达到既有道路交通重构的目的。

1. 时间分布特性

时间分布特性一般指交通出行量随着不同的季节、月份以及一天中不同的工作时间段而变化。其中最为明显的特征是根据人们特定的日程及工作习惯所导致的出行量在一天中的分布趋势，一般分为早高峰和晚高峰时段。在这两个时段，交通出行量急速上升，主要原因是通勤人群集体出行。

对于路段的拥堵时段进行分析，以 24 小时来计算，包括高峰时段内，交通依然通畅，则该路段为畅通路段；当路段只在高峰时段内拥堵，则该路段可称之为一般路段；当该路段在高峰时段及小高峰时段均为拥堵状态，则该路段为拥堵路段。因此，既有道路通行空间重构中，需要根据不同路段的交通特性进行分类处理，根据拥堵时间段的不同进行交通分流，同时还可根据区域内的职住平衡状态，发展绿色交通，缓解交通拥堵问题。

2. 空间分布特性

空间分布特性体现在车道、路段及方向等，由于交通出行目的不同，其在路段上以及路网中的空间分布趋势也不同。其中比较常见的是潮汐路段现象，因为通勤交通与早晚高峰出行方向相反，导致早晚时间段同一条路上不同方向交通量呈现出巨大差异，此时应根据不同的空间分布需求对路段通行空间进行合理调整，以适应交通空间分布的暂时性变化。

3. 路段富余通行能力

既有道路通行空间重构的核心是改善道路交通出行能力，使其能够满足未来交通出行的需求，即平衡交通的供需关系。可采用路段富余通行能力 C_d 对交通的供需关系进行量化，其值为路段通行能力与路段实际需求量的差值，表达式为：

$$C_d = C - V = n \times C_L - V$$

式中，C 为某一路段通行能力，V 为某一路段实际交通量，n 为车道数，C_L 为某单条车道通行能力。根据《城市道路工程设计规范》CJJ 37—2012 对基本路段服务水平的表述，当路段的服务水平为三级时，其路段交通流为稳定流；当稳定流状态被打破，进入饱和流甚至强制流时，道路随即进入拥堵状态。因此，以三级服务水平状态为拥堵临界状态，取其路段饱和度为 a，当 $V/C > a$ 时，路段进入拥堵状态，即此时 $V > aC$，路段富余通行能力为：

$$C_d = C - aC = (1-a)\,C = (1-a) \times nC_L$$

例如，单向三车道设计速度上限为 80km/h，三级服务水平饱和度为 0.83，则其富余通行能力 $C_d < (1-0.83) \times 3 \times C_L = 0.51 C_L$ 时，路段就会呈现出一种拥堵状态。这是既有道路交通最常见的一种问题。作为既有道路重构的主要对象，考虑到拥堵频率、时长以及产生原因的差别，拥堵所导致的交通特性也不尽相同，对既有道路交通重构的方法研究影响较大。然而还有一种不平衡的表现经常被人们忽视，即路段富余通行能力较大，且其值大于或等于一条车道通行能力时，此时路段交通供大于求，即路段处于空闲状态，路段富余通行能力表示为：

$$C_d = C - V \geqslant C_L$$

合理的路段交通状态一般能够满足交通出行需求，但是过多的路段空闲状态会给道路资源造成极大浪费，宽阔路面还会造成对旧工业厂区空间肌理的分割。因此，对既有道路空间资源进行合理利用，把握通行空间重构的本质，营造和谐的城市空间与交通出行环境，是既有道路通行空间重构的重点。

4.2.3　社会发展的需求

旧工业厂区再生利用的核心是将旧工业厂区转型为适合当下社会发展的功能性厂区，其道路交通优化不应局限于道路本身的维修重构，而应以区域的形式进行整体分析。

首先，应该掌握旧工业厂区区域内交通出行量的高峰时段，绘制出主要道路形成交通流向网络图，之后与骨架路网图进行对比，找出骨架路网未覆盖的主要交通通道。其次，对路段等级进行详细调研，次干路和支路构成集散路段，二者组成厂区内部既有道路的大多数路段。由于空间限制，集散路段一般很难通过重构提升其功能定位。因此，可采用挖掘地下空间潜力的方法来增加支路路段的通行能力。如图 4.4 所示。

(a) 旧工业厂区骨架路段　　　　　　　　(b) 旧工业厂区主、次干路

图 4.4　旧工业厂区不同类别道路

考虑到路段富余通行能力及拥堵状态，对次干路上的富余通行能力 C_d 进行计算，若该路段未形成拥堵状态则不用考虑重构改善。根据美国《道路通行能力手册》中对服务水平进行分级的描述，路段可以分为四级服务水平，并以饱和流状态下的拥堵临界状态为划分标准。如饱和度为 1，路段富余通行能力 $C_d=0$；当 $0<C_d<(1-a)\times n\times C_L$ 时，可通过改善措施提升路段的交通功能定位，使其最大限度发挥相应的交通功能；当路段达四级服务水平强制流状态，即 $C_d<0$ 时，路段条件有限，无法承受交通需求，则与支路相同，采用挖掘地下空间潜力的方式进行重构。如表 4.1 所示。

路段再生参数表　　　　　　　　　　　　　　表 4.1

路段等级	次干路				支路
服务水平	一级、二级	三级	四级		—
			饱和流	强制流	
饱和度	$<a$	a	1	>1	—
C_d 取值	$C_d>(1-a)\times n\times C_L$	$0<C_d<(1-a)\times n\times C_L$	0	<0	—
交通状态	无拥堵	拥堵状态，通行能力提升空间较大		极度拥堵	—
重构方法	无需重构	提升路段交通功能定位		挖掘地下空间潜力	—

1. 提升路段交通功能定位

骨架路段是旧工业厂区内的核心路段，主要功能是保证交通流的连续性。次干路由于周边用地性质以及侧向干扰等原因，交通连续性较差，因此在路段交通功能定位的提升方面，应着重提高其路段连续性。首先，通过对沿线的调查，调整出入口数量，限制进出车辆，还可采用分流等方式将一部分交通路段规划到其他路段。其次，改善路段上的侧向干扰，设置物理分隔带以明确机动车路段，将非机动车及行人与机动车进行分割，降低干扰，为骨架路段提供快速出行的路段条件，提高交通连续性。

2. 集散路段等级重构方法分析

次干路和支路共同组成集散路段，其重要功能是对交通空间进行整合和发散。集散路段的覆盖范围决定了路网内交通出行的便利性，同时也能对骨架路段进行交通分流。然而在旧工业厂区内，许多集散路段的密度、比例均不合理，因此增加集散路段数量，提高其分布密度，是对道路资源进行再生利用的可行手段。

首先应对旧工业厂区内各功能分区周边的既有道路等级比例进行调查分析。明确区域内集散路段比例 β_i，以城市道路等级作为参考，令快速路：主干路：次干路：支路的合理比例为 $1:2:3:6$。考虑到骨架路段包含部分次干路，取其比例为 1，则集散路段合理比例为 $\beta = (2+6):(1+2+3+6) =8/12$。对功能分区内的集散路段比例是否合理进行判断，对于 $\beta_i < 2/3$ 的部分功能分区周边的既有道路继续进行优化和改造。

周边道路可利用是开放式功能分区既有道路的前提，即开放式功能分区周边的既有道路属性条件需以满足其片区内交通需求为前提，能够为骨架道路分担交通出行量且存在一定的空闲通行空间。因此对不同功能分区道路的交通供给与交通需求进行分析时，需结合集散道路交通的流量和流向共同考量。

通过对拥堵道路的交通供需进行调查，首先应确定功能片区内的出入口可满足基本的连通需求，即出入口数量应大于或等于 2，且出入口之间的路径可将流量疏散至目标方向。其次，搜集调查数据，包括道路高峰小时交通量 V_p、转弯交通量比例 γ_r 和 γ_l、道路拥堵点两侧片区道路现状通行能力 C_{or}、C_{ol} 及现状需求 V_{or}、V_{ol}。旧工业厂区内道路可利用通行能力 C_a 为：

$$C_a = C_o - V_o$$

其中，$C_o = C_{or}+C_{ol}$，为两侧片区道路现状总通行能力；$V_o = V_{or}+V_{ol}$，为两侧片区道路现状总需求。另外，可计算道路不同流向的交通量 $V_r = V_p - \gamma_r$，$V_l = V_p \times \gamma_l$。当厂区可以利用的通行能力能够满足疏解此部分的交通流量时，可作为开放小区的流节点，即：

当 $C_{ar} \geq V_r$ 时，可开放右侧小区道路

当 $C_{al} \geq V_l$ 时，可开放左侧小区道路

在满足开放式功能分区道路的前提下，还需对左右方向的交通量分别进行引导和改善。对于右转向的车流，可在分流点后的第一个交叉口处禁止右转，并将标志牌设置在片区分流点之前，提示前方路口禁止右转，引导车流提前变道通过小区道路完成右转行为，同时前方右转车道可用于直行。左转车流可采取同样的方式进行引导。同时，可以将部分片区道路设置为单向道路，即仅作为分流道路使用，因此可将道路上的交通组织做简化处理。当既有路段上交通空间分布不均时，可根据既有路段拥堵时段对功能片区进行分时段开放，将功能分区周边的道路对旧工业厂区内居民的影响降到最低。

4.3 既有道路交通再生的实现

4.3.1 特殊道路再生利用

作为极具历史特色的旧工业厂区，其内部道路不单是普通的水泥路面，一些特殊厂区还存在铁轨、船道等特殊交通道路。对于这些道路，强行对其进行再生利用、恢复其使用功能意义不大，但直接拆除重建则抛弃了旧工业厂区的历史特色。因此，对于这些历史意义大于使用功能的特殊道路，最好的方式是在不影响厂区交通连续性和整体性的条件下进行翻修和重建，保留历史意义的同时还能成为厂区整体景观绚丽的一角。

1. 建筑自身的美学价值

随着城市不断发展，大量新型建筑的建造，原本只为满足工业生产的旧工业建筑由于建造年代久远、现状破旧等各种问题，往往给大众留下丑陋的、粗糙的、落后的印象。这些记载着城市记忆的厂区在城市快速发展的初期，容易被视为城市落后的形象，或是因其他新建建筑的需要而被无情地拆除。但是，随着工业遗产不断为大众所熟知，其自身具有的建筑美学价值得到体现。事实上，旧工业厂区中的建（构）筑物、设备设施等都体现了特定历史时期建筑的风格特点，建筑本身的结构、色彩等都极具艺术表现力，并通过不同建筑形式体现了机械美学、现代主义风格、后现代主义风格等建筑美学特点。如图 4.5、图 4.6 所示。

图 4.5　上海八号桥　　　　　　　图 4.6　上海当代艺术博物馆

2. 产业风貌的独特景观

旧工业厂区在开始设计及建造阶段均以大规模生产为主，在城市中形成了一种独特的建筑风貌，是城市景观中的亮点，这也使得很多形态特异的旧工业建（构）筑物成为城市特色识别性的标志，给生活在城市中的人们带来了认同感与归属感。如图 4.7、图 4.8所示。

图 4.7　上海老码头创意园

图 4.8　上海 1933 创意园

在城市快速发展的过程中，对旧工业厂区的再生利用正是赋予既有建筑新生命的开始，是对城市历史文化的一种重塑。建筑自身具备一定的生命周期，其生产功能只是生命周期中的一个阶段。只有通过不断地发掘、更新和利用，才能激发旧工业建筑潜在的活力与生机，使其以循环的态势延续生命周期，并通过再生利用的方式对周边区域产生一种连带作用，实现区域经济与文化的发展。通过再生利用，使原本区域封闭、功能单一、破旧不堪的旧工业建筑更好地融入城市发展中，与市民生活更好地融为一体，彰显旧工业建筑所具有的历史感和亲和力，使之获得更多的关注与认可。

例如，北京 798 艺术区，在重新构建厂区时，保留了一些原有的工业建筑和厂区道路，让游客在感受现代艺术气息的同时，也能了解 798 艺术区最初建厂时的特色（图 4.9）。中山岐江公园是在广东中山市粤中造船厂旧址上改建而成的主题公园，其独特的生态恢复及城市更新的设计理念，使得中山岐江公园成为工业旧址保护和再利用的一个成功典范。在岐江公园既有道路重构的过程中，保留了一些最初建厂时使用的铁轨，将其与周边景色完美融入，让游客感受到不一样的历史风貌（图 4.10）。

图 4.9　北京 798 艺术区

图 4.10　广东中山岐江公园

4.3.2 厂区内部路网再生

传统旧工业厂区的道路交通方式组成基本上以"机动车道 + 人行道"为主，部分道路可以细分为"机动车道 + 人行道 + 非机动车道"，由此可知路段基本以机动车道为设计主导，对于绿色交通的人性化设计不足，因此再生利用时，主要对绿色交通系统进行重新划分，以达到对厂区内部路网整体重构的目标。

1. 公共交通网络再生

（1）公共交通网络路段构建

公共交通（简称为公交）作为减缓交通问题的核心方法之一，为了使出行者能够快速到达目的地，其网络应具备较好的连续性。旧工业厂区交通根据出行起始点可分为过境交通、出入境交通和区域内交通三种，因此为了应对不同出行交通，可以将公共线路划分为干线路和支线路两部分。作为承担旧工业厂区机动车辆出行的干线公交路段，其功能定位与骨架路网相似，同时骨架路网又连接了厂区内部各个功能分区的出行点，因此干线公交网络可以将骨架路网作为基础进行构建，也避免了重新规划干线公交网络的问题。

首先，将骨架路网现有公交专用道的路段作为基础，并对其余骨架路段进行公交专用道设置条件分析，将满足设置公交专用道的路段补充至公交路网中。其次，对还未设置专用道连接的出行点以及既有交通网络间断点进行补充，将集散路段现存的专用道路以及可以设立专用道路的路段作为优先选择路段；若网络还是未能形成，则根据绿色交通专用路段重构的方法对其余集散路段进行重构。最后，令干线公交网络连通成网，并连接至各交通小区出行点。如图 4.11 所示。

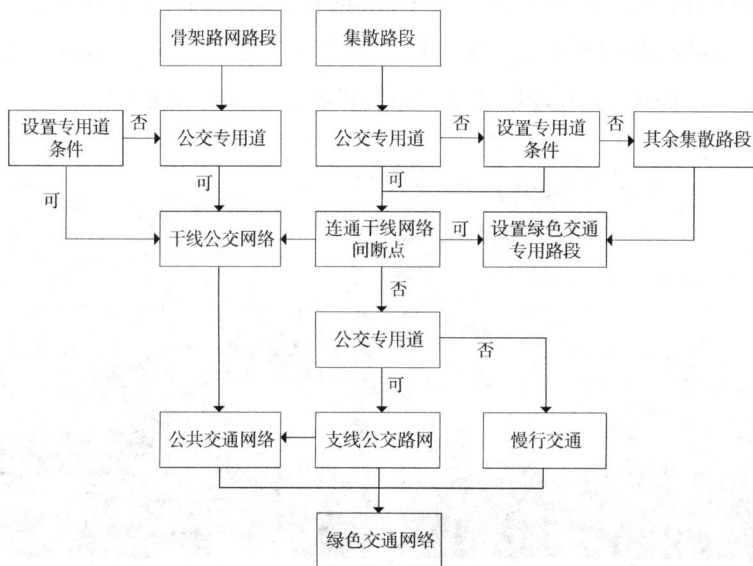

图 4.11　公共交通系统

（2）绿色交通专用路段

集散路段的红线宽度较小，其传统交通方式的组成已经无法满足当今时代机动车发展的需求。通过将既有路段重构为绿色交通专用路段的方式，可以改变交通方式原有结构，禁止机动车行驶的同时，还能够提供更好的慢行服务。

绿色交通专用路段禁行除特定车辆以外的机动车，同时公交专用道以外的道路空间可为行人及非机动车出行服务，路段起始点设置专用的路段标志，以保证慢行交通的出行环境。专用路段交通方式组成可采用"人行道＋公交专用道""人行道＋非机动车道"以及"人行道＋公交专用道＋非机动车道"这三种方式，均可作为公交网络及非机动车网络的组成部分。如图 4.12、图 4.13 所示。

图 4.12　道路交通管理

图 4.13　非机动车专用道路

2. 非机动车道系统重构

当前，共享单车已经成为城市中随处可见的出行方式，非机动车出行迎来了新的时代，再生利用旧工业厂区的非机动车道对出行需求而言已变得十分重要。与此同时，非机动车道还可作为公交网络的补充，解决公共交通的"最后一公里"难题。非机动车道系统的重构，应在公交系统重构的基础上进行，使之与公交系统形成完整的"B+R"交通模式出行网络。为了保证网络的连通性，本节将根据最小生成树理论，对"B+R"交通模式出行网络的重构方法进行分析。

最小生成树是指通过对特定网络中的节点进行搜索，将根节点设置为起点，找出使网络中能够让任意两点之间均能连通的树，并使生成的树包含的边权值为最小，即在给定的无向图 $G = (V, E)$ 中，(u, v) 代表连接节点 u 与节点 v 的边，$w(u, v)$ 代表此边的权重。如果存在 T 为 E 的子集且为无循环图，使得 $w(T) = \sum_{(u, v) \in T} w(u, v)$ 最小，则这个 T 为 G 的最小生成树。

首先，将既有路网中的功能分区出行点与周边公交站点作为节点，并将旧工业厂区中各个功能区出行点附着在既有路网的节点上，其集合为 V_Δ。由于节点总数量较为庞大，出行网络无法或很难达到所有连接点，因此应该对不同的节点进行层次划分。其中，公交站点根据客流量等各种条件进行划分，小区出行点则根据用地性质以及出行强度为指标进行划分，按照划分层次的不同，选择重要的节点作为研究节点，称为重要节点。

其次，构建既有网络的边集合以及各边的权重集合。由于公交重要节点已由公交网络串联成一个整体的网，因此将其作为边集基础，通过既有非机动车道路段与可以布设非机动车道条件的既有路段进行补充，使得支路系统出行环境可以适应于非机动车的出行。同样地，将支路系统作为边集的一部分，最终可以形成一个完整的网络边集 E，并以 E 中各边的路段行程时间为边的权重，得到一个权重集合 W。根据边集 E，可得到一个节点集 V，其中 $V_\Delta \in V$，则研究网络为 $G = (V, E)$。

由于公交网络的重要节点已连通，每个公交重要节点都可以作为根节点。对旧工业厂区周边功能分区的重要节点进行最小生成树搜索，由于生成树具有无环状特点，为避免搜索范围过大而导致最小树延伸太远，可以将搜索范围进行距离设置。根据对公交站点服务范围以及自行车出行距离的研究分析，可以将搜索范围 R 设置为 [1km, 1.5km]，即公交站点仅搜索以自身为圆心、半径为 R 范围内小区重要节点，以达到连接公交与功能分区重要节点的目的。

通过搜索可以得到"B+R"交通模式出行网络 $G' = (V', E')$，该网络覆盖的小区节点和公交节点集合为 $V'_\Delta = V' \cap V_\Delta$，数量可以表示为 Nod，网络行程总时间为 $Tim = \sum_{e \in E'} W(e)$，则该出行模型 G'' 的最优解为网络能够覆盖到的节点最多、总行程时间最短，即：

$$max\ (Nod) = num\ (V'_\Delta)$$
$$min\ (Tim) = \sum_{e \in E'} W(e)$$

重新构建非机动车道系统后，需对既有路段上的路权进行明确，采用物理分隔带或绿化分隔带进行分隔，并禁止机动车和行人占用非机动车道。非机动车道的设置可与绿化植被相结合，在保证连续行驶的条件下，利用行道树为非机动车出行者创造舒适的出行环境。

4.3.3 交通方式结构完善

旧工业厂区往往体量较大，考虑到再生利用模式，其交通量通常是巨大的。若再生利用为学校、商业综合体等建筑，一天中某个特定时间段将有大量出行人员及车辆，不仅会使出入口堵塞不堪，还会导致厂区周围路段产生拥堵。

根据供需平衡关系的分析，拥堵是因为旧工业建筑群内部进出交通量需求增大，而进出口及其连接路段交通供给不足所导致的。应对此类建筑群用地的进出口和路径通行空间的重构方法进行研究，以疏散交通需求，保证周边路段的畅通。通过对旧工业建筑群内部出行需求量 D_g、出入口通行能力 Ca_k（k 为出入口个数）以及旧工业建筑群周边环境进行数据调查分析，同时对出入口拥堵情况进行观察分析，根据拥堵情况，可在旧工业建筑内部既有道路与用地周边路段组成的局部小型路网内对交通网络空间结构进行重构。

1. 交通引导与车流管理

当进出口数量 k 大于或等于 2 时，由于个别出入口所连接的外部路段交通更为便捷，容易造成交通流在这些出入口聚集、拥堵，而其他出入口则处于空闲状态，导致不同出入口的拥堵情况有所差异。针对这种现象，应对小型路网内的交通进行疏导，并对交通车流进行管理。

在分析旧工业建筑群聚集的小型路网时，不同功能的建筑，与不同用地性质一样，对出行的吸引度不同，所以将出入口作为出行产生点，以建筑物与停车场为吸引点，对建筑的出行量进行具体分析，并结合停车场的位置，充分考虑出入口的通行能力。对于中小型路网内的出行路径，可通过设置标志和障碍禁行等方法，将交通流向引导至预定路径，平衡出入口的供需关系，令路网内交通定向、有序地疏散，同时避免出现交通流聚集至一个出入口的问题。

2. 增加出入口

当进出口均发生拥堵时，则代表小型路网内交通需求大于出入口能够提供的疏散能力，此时应通过增加出入口的方式提高疏散能力，以保证进出交通快速疏散。

4.4　既有道路交通再生利用的形式

4.4.1　保留原有交通片段

城市是一个有机的统一体，能够在不断发展中保留其特色，这是城市韧性的表现。旧工业厂区作为城市工业发展的特殊形态，承载着人们对城市独特的记忆。不论是交通重构，还是空间重构，如果斩断新空间与旧建筑的联系，城市的发展就会失去方向感，这就需要我们对旧工业厂区的空间形态予以适当的保留，并赋予建筑新的内涵，以渐进式的变化来实现空间的重构。特殊的工业形象与节点是空间感受最直接的途径，这不仅超越了传统的美学范畴，更关系到精神层面的感受，能引发人们精神上的共鸣。对于曾经与旧工业厂区有密切接触的人们来说，更是一种复杂的体验。这些特殊的空间体验在体验者与建筑之间建立了有机的联系。

特色鲜明的空间节点和建筑形象像催化剂一般，可以促进新旧空间的结合。在旧工业厂区空间重构过程中提取这些独特的空间形态，可以更好地处理区域内节点与空间形象的构建，将旧建筑与新功能整合在一个"有感情"的系统之中。

4.4.2 道路交通组织优化

1. 主干路交通优化措施

主干路通畅是保障厂区内部交通集聚快速消散的核心之一，采取的主要交通措施有以下三方面。

（1）借鉴城市道路交通控制方法，对旧工业厂区内的主干路进行车道划分，将机动车和非机动车行驶车道进行分割处理。

（2）保证主干路车辆的优先级，可在进入主干路的次干路和车间引道设置让行主干路车辆标志。

（3）设置路标、路名等标志牌。

2. 完善道路交通设施

道路交通附属设施是道路交通系统不可或缺的重要组成部分之一，是确保行车安全、减少交通事故、降低交通事故后果的重要手段。为确保交通组织优化达到预期的效果，必须同时设置交通安全管理设施，以确保旧工业厂区内部交通安全，改善旧工业厂区内道路交通环境，提高厂区道路交通流的连续性和稳定性。

3. 构建多层级的交通体系

旧工业厂区是一种"大街区—稀路网"的结构形式，拥有独立的交通体系，与城市交通系统有相似之处，但又不完全相同。对交通系统的重新梳理是旧工业厂区空间重构的重要内容。旧工业厂区的交通问题，很大程度上是因为与城市通勤不足引起的，重点要改善旧工业厂区与周边地区的交通联系，疏通对外交通节点，建立旧工业厂区与城市间的多层级连接，并保证各级道路间的有效联系，以及连接方式的多样化，避免单一路径饱和造成的拥堵。此外，还应完善支路网微循环系统，基于区域肌理、形态、功能等对路网进行适当细分。德国多特蒙德凤凰钢铁厂再生利用，对交通系统的梳理就是一个很好的例子，如图 4.14 所示，原有厂区作为一个独立的空间区域，交通系统通过一条横穿厂区的主干路组织，缺乏次级道路的联系。厂区停业后，再生利用为一个新兴的科技工业园——凤凰科技园。规划方案在原有区域交通的基础上增设了多层级的交通体系，尤其是次一级的道路系统，使得原有滞涩的交通体系被激活，区域重新焕发生机。

图 4.14　德国多特蒙德凤凰钢铁厂转型后的总布局

值得注意的是，在进行旧工业厂区空间交通系统重构时，可考虑结合厂区景观，适当设计慢行交通系统。慢行交通系统可显著提高短程出行的效率，为使用者提供更多的路径选择，创造出一种舒适、宁静、安全、便捷的城市环境，同时给人们面对面的交流创造更多的机会，无形中增进了使用者的情感交流，更具人性化的关怀。

4. 合理布置停车设施

在设计之初，旧工业厂区一般不会过多地考虑停车位的问题，导致部分旧工业厂区再生利用后缺乏停车空间，车辆随意停放，给厂区环境和交通造成较大压力。因此，可将某些建筑再生利用为停车场、停车库或停车楼等停车设施；或在厂区内新建停车设施，以增加厂区对静态交通的承载能力。例如，北京新华印刷厂再生利用时，在厂区旁建造了立体停车场以解决厂区停车空间不足的问题。

5. 厂区功能混合组织

随着城市的发展，土地的混合化利用愈加明显，单一的功能规划并不能满足人们的现实需求，功能混合组织是旧工业厂区交通重构的发展方向之一。混合利用再开发是发达国家在城市更新中探索出的一种开发方式，是通过有目的的改造活动，使土地和空间达到兼容混合的状态，比如居住、娱乐、餐饮、博物馆、展览、办公等功能的混合存在。厂区功能混合组织具有诸多优点，例如，空间使用的便利性，交通、时间成本的降低等；能够提供更多的自发性活动与不可预知的感知刺激；有助于经济效益的多重挖掘，以及多元空间与多元活动更有利于区域活力的提升。所以，旧工业厂区进行交通重构时，应根据自身特点与区域定位主动融入城市，联动周边区域，建设集多种功能于一身的复合化厂区。

6. 建立清晰的空间层次

在交通重构的过程中，空间层次是空间秩序的直接表征，笔者认为"公共—半公共／半私密—私密的空间序列"是一种较为理想的状态。但旧工业厂区往往表现出强烈的内向性和封闭性，与城市缺乏明显的联系，与周边环境过渡生硬，缺乏秩序感和连续性，空间秩序较差。

清晰的空间层次的建构是良好空间品质的保证，是旧工业厂区交通重构的基础。旧工业厂区是工业生产的产物，空间结构单一，厂区内部虽有一定的空间层次。但由于厂区的内向性与封闭性，与城市空间缺乏过渡，造成区域内空间层次的断裂，此时直接进行交通重构的难度是极大的。引入空间重构的概念可使交通重构更为便捷，也为之后再生利用工作提供便利。

旧工业厂区空间重构要求重新梳理空间结构，建立清晰、明确的空间层次，这样才能保证各项功能活动的有序展开，如图 4.15 所示。空间的层级性可以表现在多个方面，如公共—半公共／半私密—私密的空间层级，外部—半外部／半内部—内部的空间层级，多数集合—中数集合—少数集合的空间层级，嘈杂—中性—宁静的空间层级。各种空间层次遵循一种过渡关系，空间层次需以街道、节点、景观等要素的递进来体现空间秩序。城市是各个地块的有机结合，地块间空间层次的合理过渡是整体城市秩序的有力保障，在保证各地块内部空间秩序的同时，应注意协调与城市的空间秩序。就开放性而言，如图 4.16 所示，一般区域都遵循公共空间—半公共空间—半私密空间—私密空间的过渡关系，对应在空间上表现为公园/广场—街道—院落—单体建筑，各类空间的比重与过渡关系则是空间秩序设计的关注点。

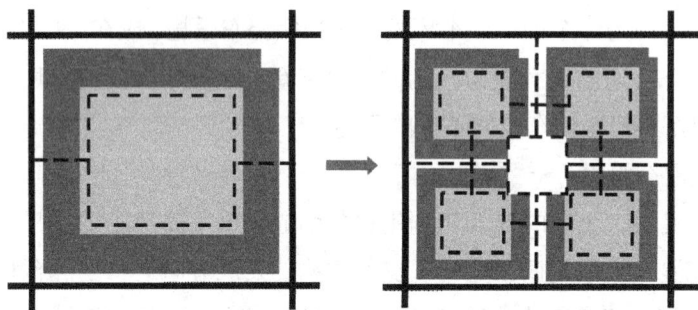

图 4.15　空间秩序的层次递进关系

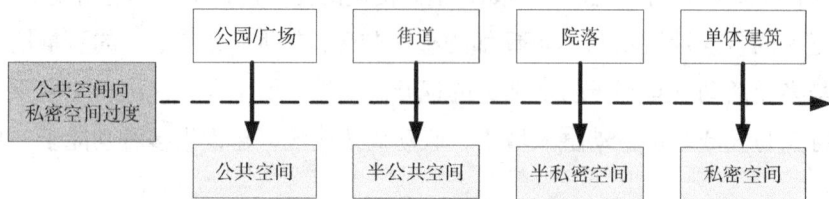

图 4.16　空间秩序的开放性空间层次关系

7. 提升空间的路径和视线可达性

扬·盖尔（Jan Gehl）在《交往与空间》中提出，城市活动很大程度上依托于邀请，良好可达性是"空间邀请"的有效手段，可以刺激市民自发性活动的发生，进而增强区域活力。旧工业厂区由于自身的内向性与封闭性，空间可达性较差，不能形成有效的引导，往往使人们望而却步。曾有学者将这些可达性较差地公共空间形象地概括为：难以发现的"隐藏空间"、难以抵达的"壳体空间"和难以停留的"刺人空间"。这些空间在形态上传递出一种疏远或敌对的感觉，成为城市中的"孤岛"。在旧工业厂区的空间重构中，可以从路径与视觉两方面来提高空间的可达性。

（1）路径可达性

良好的路径可达性表现为较短的距离、便利的路径。旧工业厂区在建设之初由于工业生产的特殊性，工厂表现出强烈的内向性及封闭性，导致区域间的交通组织不畅通，出现难发现、难抵达、难停留现象。因此，旧工业厂区的交通设计应采取更加直接、有效的措施来提高路径的可达性。

（2）视觉可达性

人类有超过 80% 的外界信息是从视觉获得的，视觉上的可达性往往表现出对人的自发性行为更加强大的引导作用，更能促进城市公共活动的展开，从而大大提高公共空间的使用率。此外，视觉可达性还有公共监督的作用，使室外空间更具安全感。

8. 构建点—线—面外部空间体系

"点—线—面"的设计手法，是建立清晰空间秩序的有效手段。通过点状节点、线状组织和面状区域，可以将厂区空间整合，建成协调统一的空间体系。对于旧工业厂区的空间重构，可以通过点状空间、线状空间与面状空间的有机组合来实现区域空间整合。

（1）点状外部空间

指尺度较小并有一定聚集效应的外部空间，如街角公园、路径节点、庭院等。这些空间通常因界面的错落、空间的围合而自然形成，具有较强的灵活性与亲和力，往往是重要的景观节点与社会交往的主要场所。

（2）线状外部空间

指呈线状特征的外部空间，主要由街道、景观廊道、河流等构成。这些空间通常具备交通功能，连接各个建筑实体、点状外部空间和面状外部空间，此外还可以为使用者提供休闲的场所。对于线性空间来说，其围合界面的形态变化，尤其是水平视野内的形态变化将直接影响到使用者的空间感受，这就需要设计师根据实际使用要求来设计合适的空间界面，处理好不同空间的过渡。如图 4.17 所示。

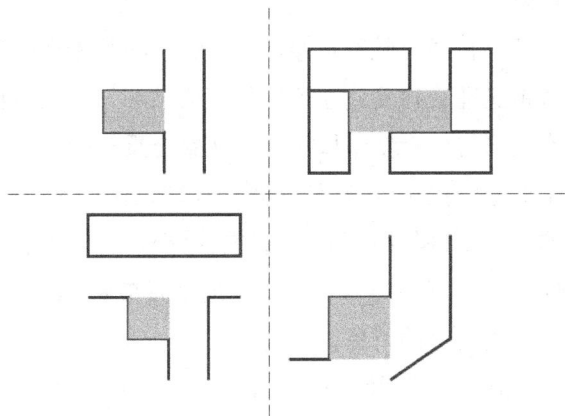

图 4.17　线状外部空间示意

（3）面状外部空间

指尺寸与规模更大的点状外部空间，如广场、花园、绿地、大院落等。这些节点通常具有很强的聚集效应，为公共活动的展开提供了可能；同时，面状外部空间也是调节土地关系的重要因素。将点状外部空间与面状外部空间按照一定的逻辑由线状空间串联起来就形成了新的片区，如图4.18所示。在空间秩序的重构中，还要区分点、线、面间的主次关系，突出重点，使重构后的空间更具层次感。

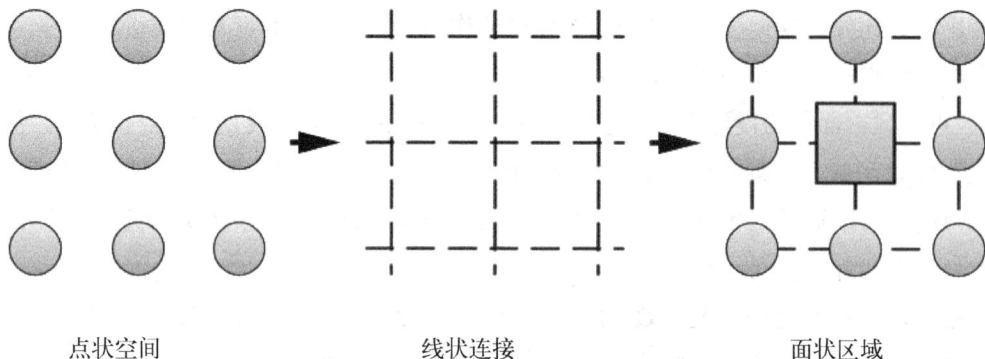

点状空间　　　　　　　　线状连接　　　　　　　　面状区域

图4.18　点—线—面外部空间体系结构示意

4.4.3　城市空间立体融入

城市旧工业厂区一般处于较为密集的建成区，而且旧工业厂区地段一般与周边地段有着明确的划分，使得城市的空间整体形态被破坏，犹如城市的一条伤疤。因此，从宏观角度出发，将旧工业厂区融入城市空间，应分别从城市肌理整合重构、交通空间立体缝合和城市界面融合三个方面对城市空间进行再次塑造，从而最大限度地发挥旧工业地理位置对周边地段的积极影响，提升城市区域的空间环境品质。

1. 城市肌理整合重构

作为城市空间的一部分，城市肌理直接反映了城市的整体空间形象。在以往的旧工业厂区再生利用中，城市肌理往往受到了不同程度的破坏，甚至被粗暴地拆除重建，严重影响了城市整体的空间形态。对城市旧工业厂区整合重构的核心内容，就是要符合城市空间结构。一般旧工业地段由于自身封闭的空间形态割裂了城市整体空间形态，在再生利用中应该将周边的空间结构与旧工业厂区进行结合，将旧工业厂区作为与周边空间形态联系的纽带。同时，应延续旧工业厂区既有街道空间布局，使之与城市街道布局融合。旧工业厂区的街道格局有着自身的特色，通过与城市街道的融合，有利于城市活动在这里重叠、交织，激发原有街道的空间活力，保留地段的空间特色。

2. 交通空间立体缝合

现阶段，城市中的旧工业厂区切割了城市空间形态，在一定程度上阻断了城市交通系统。因此，可借鉴"缝合"这一医学术语，对旧工业厂区内外交通空间进行立体缝合，为人们提供良好的连接性和便利性，加强催化剂媒介的可达性，使得周边各个要素紧密联系，从而扩展其作用范围，激发周边的活力。

（1）立体缝合交通流线催化剂媒介要素

交通流线元素是城市的重要框架。只有通过优化旧工业厂区中交通流线的连续性，才能扩大催化剂的影响范围，并激发周围的活力。首先，细分旧工业厂区的道路分级，将其和城市主要道路在不同基面上进行立体对接，加强与周边地段的联系，激活周边的商业等多种元素。其次，加强与周边地段次级道路的接驳，可以通过设置人行横道等方式，提高人们的参与性。同时，设置合理、连续的步行道，与城市步行道相结合，在地下、地面和空中形成立体的步行系统，通过步行系统将城市地铁站点和旧工业厂区周边地段有效连接，激发周边的活力。此外，还可以塑造自行车道路，引导绿色出行模式，通过循序渐进地更新，与周边地段一起构筑城市自行车系统。

（2）立体缝合交通节点催化剂媒介要素

交通节点要素包括交通转换点和起止点，例如地铁站点、公交站点等。通过对这些催化剂媒介的塑造，可以加强与周边地段的联系，进一步加大触媒效应的辐射范围，吸引更多的行为活动。首先，应该考虑立体缝合地段外的转换点，通过采取垂直叠置立体化的方式，提高人们的可达性与选择性，使得交通出行无缝连接，甚至可以从地下利用转换点把人们引入旧工业地段。其次，可以设置立体地下停车库，与地面停车相结合，加强与地面各功能的联系，避免因停车空间不足、停车位不够等造成旧工业地段的可达性降低，最终激发地段的活力。

3. 城市界面融合

旧工业厂区周边地段往往破败杂乱，破坏了城市界面的连续性和整体性，降低了人们的参与性。扬·盖尔在《交往与空间》中提出，地段的边界是城市活动开始的重要场所，也是场地和城市交流的重要场所。地段的边界也是触媒作用的地方。在边界处触媒可以更为有效地起到连接旧工业厂区周边地段的作用，与之一起形成整体而易于识别。

（1）对地段界面进行分解

分解，就是把整体分解为各种不同大小的部分，将旧工业厂区周边地段的界面进行尺度的划分。旧工业厂区周边地段的界面由围栏、建筑立面或围墙等构成，与城市界面不是十分协调，通过拆除或改造旧工业厂区周边地段的部分界面，或对界面进行部分尺度的柔化，可将厂区周边界面与城市界面进行融合。

（2）增强界面的渗透性，形成开放界面

旧工业厂区周边地段界面封闭，导致其与城市空间形态产生了一定的分割，因此在再生利用中增强界面的渗透性十分重要。这里主要是指视觉的渗透，开放式的界面媒介塑造，对旧工业厂区内部和城市的一体化融合具有很大的意义。通过把旧工业厂区的硬质界面转化为软质界面或柔性界面，如水体、绿化、景观带等，或在入口处设置广场或开放式的空间，可增强视觉的渗透，塑造一种开放式的地段界面，从而促进界面与周边地段的联系。

（3）统一新旧界面

旧工业厂区周边地段的界面，不仅肩负着再生利用后的形象责任，还承担着作为与周边地段的交界面，融入城市整体界面的重任。当破损残旧的界面拆除后，通过新的建筑立面、景观要素、软质界面等组成的新界面，要配合周边地段的界面，使其与城市界面具备统一性和连续性，从而更进一步促进二者的统一与协调。

第 5 章 既有综合管网再生利用机理解析

5.1 既有综合管网再生利用机理解析内涵

5.1.1 既有综合管网再生利用机理框架

    综合管网是指旧工业厂区内所有的地上和地下，用于有形或无形介质传输的由线状管线或管道共同组成并满足一定使用功能的综合网络。旧工业厂区中，综合管网是日常生活、生产的"生命线"，其安全状态、使用状态与工业生产效率、居民生活水平、公司运营状况等密切相关。

    随着时间的推移，大量管道（特别是使用年限超过 50 年的管道）会出现输送介质效率差、易污染或漏损、爆管等现象，不利于生产安全且产品质量难以得到保证。这类事故的发生一般符合"浴缸曲线"的分布规律，如图 5.1 所示，通常包括以下三个阶段。

    （1）初始阶段，即管道安装初期事故率的变化情况。这一阶段的工程管道事故基本上是由于施工原因造成的。事故发生的概率随着时间的延长而减小，最终趋于稳定。

    （2）成熟阶段。管道事故发生率极低，管网工作状态基本稳定，产生事故的原因主要是一些偶然因素。

    （3）疲劳阶段，即管道的最终阶段。由于腐蚀或者老化，管道的事故率开始逐步上升，在这一阶段之后，管道将面临淘汰。但是并非所有管道均会经历这三个阶段，根据管道材质和工业生产环境的不同，三个阶段的持续时间也各不相同。

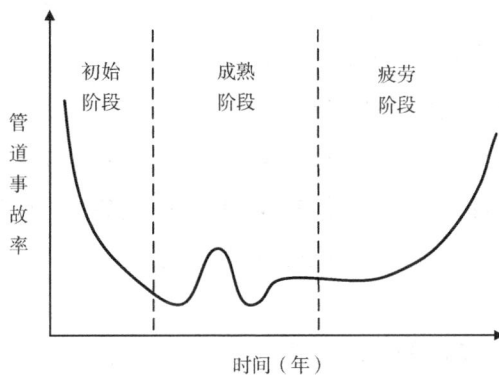

图 5.1 管道在服务年限内的"浴缸曲线"

旧工业建筑中的大部分管道处于成熟阶段或疲劳阶段。对于成熟阶段的管道，其再生利用的途径及方法较多，有些可以继续使用并输送相应的介质，直至达到疲劳阶段。对于疲劳阶段的管道，继续使用出现事故的风险过高，且运行成本较新建管道而言差距不大，再生时可以考虑更换功能，不再作为介质输送的渠道。此外，有些旧建筑因功能置换的原因，从工业建筑转变为民用建筑，大量的工业管道被废弃，但由于工艺限制，很多管道嵌在或本身就作为结构的一部分，再生时难以直接拆除，为不损伤工业建筑自身，需要采用其他方法对这些管道进行处理。

对不同类型、不同时期、不同类型的旧工业建筑综合管网，具体的再生途径千差万别。因此，有必要先对可能涉及的旧工业建筑综合管网要素进行划分，并分析要素的再生机理，便于更好地指导综合管网的再生利用过程。对综合管网的再生利用机理解析可以从三个方面进行：第一，分析要素再生利用价值。对要素再生利用的具体作用进行分析，探究综合管网再生的价值以作出更精准的再生形式判断。第二，分析综合管网再生途径。通过管网输送机制、本体、位置及功能等途径对既有管网进行重构，实现厂区综合管网再生。第三，根据前期调查及再生情况，确定最终合理的再生利用形式。既有综合管网再生利用机理框架如图 5.2 所示。

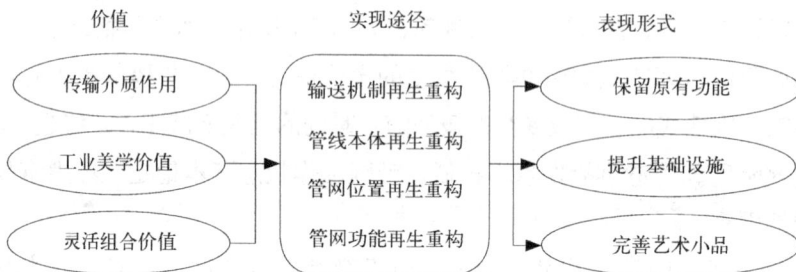

图 5.2　既有综合管网再生利用机理框架

5.1.2　既有综合管网再生利用要素

1. 市政通用管网

市政，包括厂区内的组织、管理、规划、建设等方面，旧工业厂区既有综合管网在市政设施中占了很大比例。市政通用管网是指为了满足政治、经济、文化以及人民生产、生活需要并为其服务的公共基础设施的管网工程，如给水排水、供电、供热、燃气、电信管网等。旧工业厂区内的相关工程通常由政府组织相关单位管理，工业区内相关管网输送介质也主要来源于这些部门，通常称为市政通用管网。

（1）给水排水管网

给水排水管网主要由不同的管段构成，包括输水管、干管、配水管等，以及给水排水配套基础设施。

　　输水管是将水源从水厂运送到旧工业厂区的干管，该管在中途不向其他区域供水。给水干管的主要用处在于，按用水区将水配送至各配水管，是用水区内的主要管线，如图 5.3 所示。配水管的主要用处在于，将给水干管供给的水配送到各用户接户管以及消防管，通常布置在厂区周边的道路上。其中，接户管是指配水管与用户实际用水区连接的管道，在一些较大的厂区内部，在接户管下游还会设置大量的配水管。厂区内建筑通常仅使用一根接户管，部分建筑体积过大，或用水量巨大的建筑可接两根，并从不同的方向进入厂区以保障用水的安全性。

图 5.3　厂区给水干管

　　(2) 供电管网

　　供电管网，或称电网，通常指在旧工业厂区内各级电压的电力线路，以及与其相连接的变电所及配套设施。供电管网属于电力系统，可以分为输电线网和供电线网，是厂区内实现电力输送与分配的主要途径。市政电网是连接市政发电站、变电站以及厂区的网络，而厂区内部的供电管网是指连接厂区内各建筑以及设备供电的综合网络。

　　旧工业建筑内部供电管网主要由不同等级的电压线路以及不同类型的输电线路共同组成。根据电压大小的不同，可以将供电管网分为低压网、中压网、高压网和超高压网。其中，低压网电压低于 1kV，中压网电压为 1 ~ 10kV，高压网电压高于 10kV 但低于 330kV，330kV 及以上的称为超高压网。根据供电范围以及电压高低的不同，可以将一般电网分为区域电网和地方电网。其中，区域电网覆盖的供电范围较大，且电压通常在 220kV 以上；地方电网覆盖的供电范围较小，电压通常为 35 ~ 110kV。

　　根据功能不同，可将供电管网分为输电线网、配电线网和用电线路三类。

　　1) 输电线网。主要用于输送较大功率的电力，可实现远距离传输，如图 5.4 所示。

　　2) 配电线网。主要用于向用户或者各用电中心分配电能，其中电压配电等级为 3 ~ 110kV，称为高压电压配电网。电压变压器低压侧引出 0.4kV 配电线路称为低压配电线路。图 5.5 所示为厂区配电房。

3）用电线路。室内敷设电线可采用明敷或者暗敷布置。此外，通常在厂区内采用交流电和直流电两种电力输送方式。

图 5.4　输电线网

图 5.5　配电房

（3）供热管网

旧工业建筑常采用集中供热系统，包括热源、供热管网和热用户三部分。其中，供热管网主要包括供热管道以及相关附件，供热管道及其附件是厂区集中供热系统输送热媒介的主要部分；相关附件主要包括管件三通、弯头、阀门、补偿器等基础设施构件，这些构件是保证管网正常输送、厂区供热系统正常运行的重要组成部分。

集中供热系统可以同时给厂区内的许多不同热用户提供热能，供应范围较广。用户所需要的热媒介以及参数各有不同，市政锅炉房或者热电站所供给的热媒介以及参数也不统一，往往难以满足所有热用户的要求，因此，厂区内的供暖管网应与热用户所要求的方式相互统一，相互匹配，如图 5.6 和图 5.7 所示。根据划分办法的不同，集中供热系统可以分为：

1）根据热媒介的不同，可分为热水和蒸汽两种供热系统。

2）根据热源的不同，可分为热电厂供热系统和区域锅炉房供热系统，部分地区还有以地热、工业余热等作为热源的供热系统。

3）根据供热方式及管道的不同，可分为单管制、双管制和多管制的供热系统。

图 5.6　集中供热管网

图 5.7　厂区内的供热管道

(4) 燃气管网

旧工业厂区燃气管网系统，通常包括工厂引入管、厂区管道、车间管道、炉前管道、工厂总调压站或车间调压装、用气计量装置及安全控制装置等部分，如图5.8和图5.9所示。除管道系统之外，还包括一些管道附件，如阀门、补偿器、凝水器等。由于炉前燃气管道与厂区内的燃烧设备和控制装置有很大关系，通常将它们看作一个整体。旧工业厂区内燃气总阀门通常设在厂区外易于接近和便于察看的地方，靠近市政燃气分配管线的位置。

燃气通过引入管由市政输配管网引入厂区，引入管上设总阀门。旧工业厂区通常只有一个引入口，采用枝状管道。对不允许停气的大型旧工业厂区，可以采用有几个引入口的环状管网。有些旧工业厂区供气系统的引入口设总调压站，如有计量装置，则与调压站一起，经调压和稳压后，由调压站送入厂区燃气管道。

图 5.8　燃气管网

图 5.9　燃气管网设施

(5) 电信管网

旧工业厂区电信管网由终端设备、传输系统和交换系统组成，也称为电信管网的三要素，如图5.10和图5.11所示。厂区内的终端设备主要包括电话机、计算机、传真机、打印机及其他各种输入输出的电子设备。为保护电信管网的正常使用，避免外部干扰，传输系统一般可以分为用户传输管道和局部中继管道。其中，用户传输管道中的传输媒介主要是绞铜芯电缆，现在使用光纤和无线方式的用户传输媒介也日益增多；局部中继管道以电缆光纤、大气层、电离层等作为传输媒介。弱电系统的网络交换系统主要包括电路交换、报文交换和分组交换三种类型。

2. 工业专用管网

旧工业厂区内的工业专用管道是专门为工业生产输送介质，并提高生产效率的管道，是厂区生产工艺流程中不可或缺的组成部分。工业专用管道可以分为传输用的管道、连接用的管件以及相关控制阀门三个主要部分。每一个管道系统在空间形成一个网络，因此管道系统也可称为管网。工业管道可分为工艺管道和动力管道；根据输送介质的不同，

图 5.10　厂区废弃线缆

图 5.11　厂区监控终端

又可分为汽水介质管道、腐蚀性介质管道、化学危险品介质管道、易凝结沉淀管道、含粒状物管道等。旧工业厂区工业专用管道的主要分类方式如图 5.12 所示。

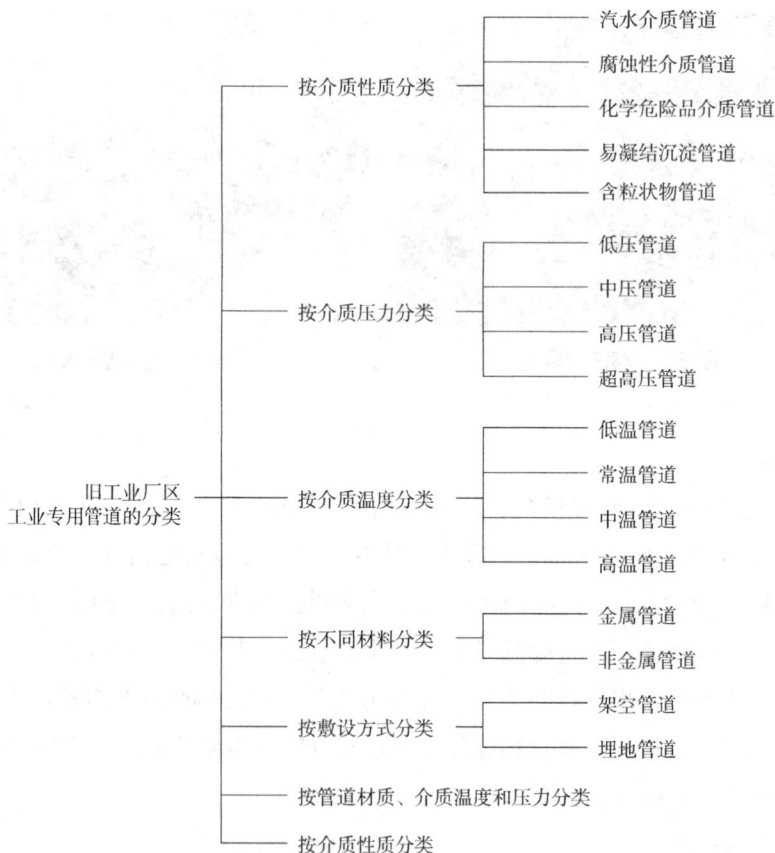

图 5.12　旧工业厂区工业专业管道分类

旧工业厂区工业专用管道受工艺条件约束，其关键组成部分为管件、部件及支、吊架等。如图 5.13 和图 5.14 所示。

图 5.13　管道固定支架　　　　图 5.14　室外管道弹簧吊架

5.2　既有综合管网再生利用的价值

5.2.1　传输介质作用

管道是厂区内传输介质用的基础设施。通过管道，可将有毒、有害或不能够被污染的介质以快速高效的方式从生产过程的一端传输到另一端，加速厂区生产运转，极大地提高厂区生产效率。在厂区的日常生活中，既有综合管网扮演着重要角色，可分为既有市政通用管网和既有工业专用管网。

既有市政通用管网主要用于满足厂区内人们的日常生活，传输的介质多为水、电、气等与人们日常生活相关的物质，如图 5.15 所示。由于这部分管网的作用十分重要，且在日常生活中会经常维护，因此在旧工业厂区内，这部分管网一般是保存状态较好的管网。再生利用之后，可以继续保持其传输介质的作用，为厂区建设发挥余热。同时，由于工业厂区再生利用往往涉及土地性质的变化，需要根据设计要求在厂区内增加部分市政通用管网。

图 5.15　市政通用管网

既有工业专用管网的作用主要在生产过程中体现，一旦厂区停止运转，这部分管网就面临着报废的风险，如图 5.16 所示。因此，在旧工业建筑再生利用的过程中，工业专用管网往往会改变其原有性质，不再用作传输介质。比如，具有明显工业特色的管道，在报废之后为保持其特色，经过处理之后可以继续保留在原位，用作旧工业厂区内的景观小品。除此之外，在旧工业厂区内，可能存在部分工业管网与市政管网交叉混用的情况，再生利用时需要进一步明确管网用途。若继续用作介质传输，则需按照现行国家标准的规定进行合理的再生利用；若不具备介质传输价值，则从其他价值方面考虑该管网再生利用的可能性。

图 5.16　工业专用管网

5.2.2　工业美学价值

从工业美学角度看，工业建设的整体布局、车间的采光、机床的放置、工作环境等，都对产品的生产有着重要的影响。任何工业生产都要求创造一种正规、清洁、明亮、安全、秩序井然的环境，包括符合最佳布局的大环境，以及良好、舒适、愉快的小环境，以利于稳定生产者的心理。工业管网与市政管网不同，具有其自身的特点。通过整体布局，合理安排生产管网，考虑整个厂区的绿化，也可以使生产环境花木葱茏，绿树成荫，环境幽美，从而显示出厂区的整体美与管网本身的美，引起人们的精神活动，获得精神上的愉悦和满足。至于工业生产的管道附属设施，如各种样式、颜色的阀门，各种型号的吊架等，除具有实用价值外，还具有审美价值，也能使人们获得视觉享受。

在重型厂区，生产过程以满足产品质量优先，对管网布置较为随意，厂区管道布置明显，管道或大或小，给人以强烈的视觉冲击感。旧工业厂区停止生产或被废弃后，大部分管道结构会被保留，在彰显工业文化的同时，也有助于对厂区整体美学的提升。此外，由于管道多为工业金属管道，这种庞杂的金属质感交叉也能够引起人们对工业生产的思考。人们对工业时代的记忆主要停留在大机器、大设备、大管道等物件上，1936年由查理·卓别林主演的电影《摩登时代》中所表现的正是人们对工业记忆的普遍认知，如图 5.17 所示。同时，由于工业生产的协调性、组织性和稳定性，各部分共同工作，为社会发展提供了源源不断的动力，使人们对工业生产具有一定的敬畏心。这种敬畏伴随着严密的管道组织，形成了一种独具风格的美学观念，近些年国内外流行的"工业风装修风格"即为这种观念的直接表现，如图 5.18 所示。

图 5.17　电影《摩登时代》剧照　　　　图 5.18　马斯特里赫特的卢米埃电影院

5.2.3　灵活组合价值

　　与旧工业厂区内的建（构）筑物、设施设备等不同，工业管道具有易拆分、易组合、易运输等特点。人们可以根据自己的需要将各种类型的管道进行组合，对原管道进行优化，满足当前使用功能的要求，或直接将原管道拆除，组合成需要的形式。无论是以哪种方式进行组合，其灵活性均高于其他建（构）筑物。在日常工业生产中，管道多为线性且采用金属或非金属制成的圆形通道。这种通道在使用过程中可以满足快速运输物质的要求，在进行组合时，圆形管道运输比较方便，金属材质管道也易于焊接。相比较而言，由于年代久远，大部分的非金属管道早已失去其原有功能，再生利用的途径也十分有限，除部分有价值的非金属管道外，其余管道可直接拆除废弃。

　　旧工业建筑内的工业管道大都设置在外侧，没有埋入地下或墙体内，这种布置形式也为既有综合管网的拆除或再利用提供了便利。原工业厂区的综合管网通常负担着一个厂区的整体运行，各管道之间相互配合、密不可分。但是在旧工业建筑中，大部分的工业管线已经失去了利用价值，再生利用时可以保留部分具有鲜明工业特色的管网。这种处理方式是既有综合管网再生利用显著区别于其他再生利用的一种价值体现。若直接拆除既有综合管网，可能对工业厂区整体建筑风格和外貌影响不大，但如果能够将综合管网灵活应用，则能显著增强厂区内的工业气息。

　　大部分旧工业建筑会保留部分管道，用作工业小品的设计制造，而工业小品是旧工业厂区必不可少的一部分。工业管道不仅承载了工业文化的记忆，其多样的形态和样式，也有利于艺术从业者进行自由创意组合，将原本线性的管道或管网与现代社会中的流行要素相结合，创造出独特的工业小品，从而增强厂区凝聚力，满足综合管网再生利用的需要。如图 5.19 和图 5.20 所示。

图 5.19　老旧工业管道

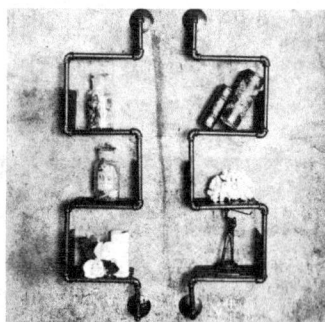

图 5.20　工业小品

5.3　既有综合管网再生利用的实现

5.3.1　输送机制再生重构

1. 给水排水输送机制重构

（1）改合流制为分流制

旧工业厂区内的合流制管道再生利用后通常作为雨水（污水）排水管。通过更新排水管网，可对旧工业建筑内的污水排放问题加以解决。旧工业建筑内部有完善的卫生处理设施，且厂区道路横断面满足设计要求，能够设置分流制所需的管道，在施工过程中对厂区交通不会造成太大影响。

（2）保留合流制，修建截流干管

采用分流制需涉及所有的雨水连接管和污水出户管，会对厂区路面造成损坏，耗费时间较长且需要巨额投资。因此，可通过保留原有给水排水体制，对既有综合管网系统进行再生利用。例如，通过在河流附近修建截水干管，将厂区内既有直排式合流制给水排水管网系统，改为截流式合流制管道系统，如图 5.21 和图 5.22 所示。这种方式可能会污染水体，为保护河道，有些厂区修建了大型雨污合流管网，沿着河流走向将雨污水引向其他水体，避免水源地污染。截流式合流制管网系统也存在一定的缺陷，如污水溢流造成环境污染等，可通过以下措施进行弥补：

1）修建混合污水贮水池，储存厂区给水排水管网排放出的混合污水，或利用周边河道，将溢流出来的部分混合污水先储存起来，在雨后再集中将这部分混合污水送到污水处理站，起到污水预沉淀的作用。

2）在溢流出水口设置简易处理装置，进行混合污水筛滤和沉淀等预处理工作。

3）通过增大截流干管直径、提高污水处理厂储量等方式提高截流倍数。

4）分散储存日常降水，并尽可能地将降水渗入地表以下，减少混合污水排放量。如依靠旧工业厂区内的花园、广场、停车场等区域对雨水进行贮存，并通过渗透性路面等下渗雨水。

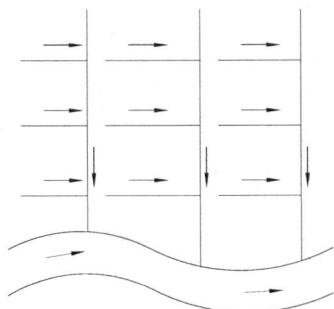

图 5.21 再生利用前直排式合流制 图 5.22 再生利用后截流式合流制

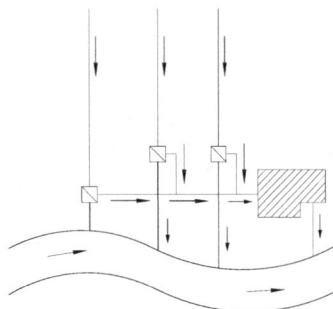

2. 燃气管网输送机制重构

随着气化率的提高，我国城市的燃气输配系统以中压、低压二级管网系统或高压、中压、低压三级管网（大城市、特大城市）系统为主。旧工业厂区中燃气管网通常采用三种系统，即低压一级管网系统、中压一级管网系统或中低压二级管网系统，如图 5.23 ～图 5.25 所示。对于煤气或天然气介质，低压二级管网运输具有供气安全、安全距离易符合规定的优势，部分旧工业厂区道路狭窄、建筑布置密集，这类管网模式与旧工业厂区的特点相符合。

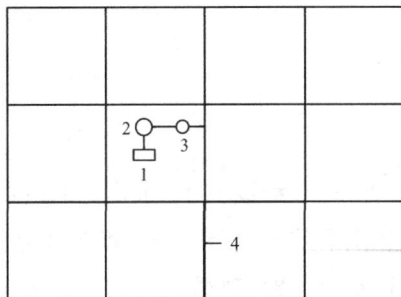

1—气源厂；2—低压储气罐；3—稳压器；4—低压管网
图 5.23 低压一级管网系统示意

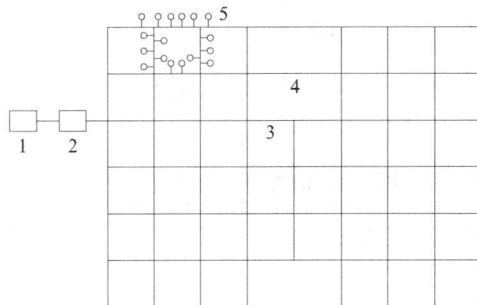

1—气源厂；2—储气站；3—中压输气管网；4—中压配气管网；5—箱式调压器
图 5.24 中压一级管网系统示意

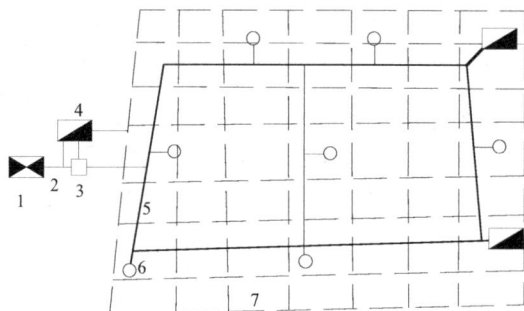

1—气源厂；2—低压管道；3—压气站；4—低压储气站；5—中压管网；6—区域调压站；7—低压管网

图 5.25　中低压二级管网系统示意

旧工业厂区通常位于城市或农村面积较小的区域，不直接影响城市总体燃气源和管网布局。在规划中，一般仅考虑厂区内部及周边燃气管网布置情况，尤其考虑到中低压调压站供气范围一定，采用一个或多个中低压调压站即可覆盖旧工业厂区。高压、中压管道具有较高的压力，一旦发生泄漏事故，其危害程度远高于低压管道，故其与建筑基础和其他管线的间距要求也较高，不应穿越建筑密集、道路狭窄且有景观保护和不可再生的工业遗产保护要求的旧工业建筑。从理论上讲，在厂区短边长度较小的情况下，可以在厂区之外铺设中压管道，并设置一定数量的中低压调压站以供应部分低压天然气，只有在面积较大的旧工业厂区中才可能将中压管道设置在厂区内部范围。

5.3.2　管线本体再生重构

1. 管材及破损管段更换

由于建造年代久远，管网陈旧，大部分旧工业厂区的给水排水管材使用灰口铸铁管。管材不良造成了爆管、管漏和水质差等问题，应更换为球墨铸铁或高分子塑料管道。旧工业建筑内给水管道的管径较小，且地下空间复杂，一般采用经济性和灵活性好的高分子塑料管材。

既有综合管网再生利用，可结合厂区道路及其他管线一同进行。但旧工业建筑内的原有管道数量庞大，许多管道位于建筑基础内或墙内，不便开挖更换，暗挖法更新或维修技术成为旧工业建筑管网再生利用的首选方式。以给水排水管网为例，在对供水能力进行复核后，根据所需输水能力不同，可以采用表 5.1 中的方式进行非开挖更新。

给水排水管道更新方法比较　　　　　　　　　　　　　　　　　　表 5.1

序号	再生利用方法	输水能力变化
1	改敷较大口径管道	可增大输水能力 <20%
2	开挖更换新管	恢复原管输水能力
3	胀破旧管	可增大输水能力 <20%

续表

序号	再生利用方法	输水能力变化
4	牵引换管	可保持原管输水能力的 95%
5	水泥砂浆衬里（包括刮垢）	可恢复
6	滑衬软管	—
7	内插较小口径管	输水能力下降较多

20 世纪 80 年代以后，旧工业建筑内埋设了数量较多的镀锌钢管。对不需重新敷设的旧管，可以采取。AS/AR（Air Sand/Air Refresh）技术，即，将高速气流和铁砂混合通入旧工业建筑管线，对内管进行研磨；再用高速气流和环氧树脂涂料混合涂衬内管的技术。此外，真空气流清洗涂衬（VACL，Vacuum Air Cleaning Lining）技术适用于旧工业建筑中较旧的管线。VACL 技术与 AS/AR 技术的主要区别在于，采用真空机来形成负压操作的气流，不会因管线有薄弱点而出现高压气体冲出等不安全状况；真空气流具有所需机具少、功率小、节能的优点。

当管径为 1200 ~ 1800，且管道工作压力大于 1.6MPa 时，管道管材的选择可按以下顺序进行：预应力钢筒混凝土管、钢管；当管道工作压力大于 1.6MPa 时，对于具有强腐蚀性介质的区域，优先选择耐腐蚀的玻璃钢管。当管径为 600 ~ 1200，且管道工作压力大于 1.2MPa 时，管材选择优先顺序为：球墨铸铁管、钢管；当管道工作压力小于 1.2MPa 时，管材的选择顺序依次为：球墨铸铁管、预应力钢筒混凝土管、三阶段预应力管、玻璃钢管、钢管。当管径小于 300 时，宜采用聚乙烯管材（PE 管）及管件，热熔或电熔接口。给水管道工程管材选择方案见表 5.2。

给水管道工程管材选择方案　　　　　　　　　　　　　表 5.2

管径	管材选择
DN ≥ 1800	钢管
1800>DN ≥ 1200	钢管、玻璃钢管
1200>DN ≥ 600	球墨铸铁管、钢管、玻璃钢管
600>DN ≥ 300	球墨铸铁管、钢管、玻璃钢管
DN < 300	PE 管、球墨铸铁管

2. 管网绿色再生

拆除重建方式为旧工业建筑公共基础设施的规划建设带来了全新机遇。应根据现状特点，结合所在城市基础设施，合理规划布局环境卫生设施，提高管网再生率，对管道进行无害化处理，提高综合利用水平，增强管道日常保洁，提高设施设备建设、运营及服务水平。对废弃的既有综合管网进行无害化、综合化处理，提高管网的工作效率，鼓励发展较少废物或无废物的管网系统。

根据旧工业建筑所在地区的水系统特点，将给水排水纳入区域水循环系统加以考虑。给水规划需要全面采取雨污分流体制，加强雨水收集利用、污水处理和无害排放，加强规划引导，推广生活节能，促进能效标识以及节能节水产品认证管理制度的进一步落实，降低厂区再生利用后服务行业能源消耗水平。

5.3.3 管网位置再生重构

由于架空线路的各种缺点，旧工业建筑再生利用时一般将电力管线、电话网线和有线电视电缆从空中转向地下，即所谓的"三线下地"。一些地区也有"五线下地"的做法，除上述三线外还包括路灯和宽带电缆，统称为"上改下"。如图5.26和图5.27所示。

图 5.26　上海市田子坊管网重构前　　　　图 5.27　上海市田子坊管网重构后

旧工业建筑电力和电信架空线对景观风貌的保护具有重要意义，往往成为保护风貌整治或旅游区更新规划中首要实施的项目之一。但旧工业建筑地下空间十分紧张，给水、排水、燃气、供暖和电力、电信管道都需要地下埋设，一般无法按照市政管线综合规范敷设，需采用新材料、新技术、新工艺等适应性措施。适应性措施可以分为两类，一类是减小管线所需间距以节约地下空间，另一类是在间距不足的情况下提高管线设施安全性能。

旧工业建筑地下空间有限，应优先考虑给水、排水、电力等必须依靠管网传输的市政管线。旧工业建筑再生利用时，可以仅考虑单个宽带和固定电话网络提供商，以此节省电缆铺设空间和建设成本；也可引入社会资本，由物业公司负责，选定某一家公司提供宽带服务，避免其他公司占用有限空间。旧工业建筑适宜采用有线电视宽带网络，与有线电视共用路由，不增加空间占用和线缆敷设的投资。对于各类管线的数量，首先，应遵循厂区自给自足的原则，即厂区内的地下管线仅以满足厂区内部使用负荷为目标，非厂区内部使用的管线不应穿越旧工业建筑地下空间，而应从旧工业厂区周边道路地下绕行。其次，通过精确计算和增加电缆截面，尽可能减少管道数量，以满足长期使用的要求。

地下管道铺设有铺设管道直埋和综合管廊两种方式。综合管廊统一分配全部或部分市政管道，如电力、电信、给水和排水管道，布置于同一个地下沟渠式市政管廊中，具有节约地下空间、方便统一管理、无需重复开挖地面等优点，是未来市政管线综合的发展趋势。经过适应性改造的综合管廊技术，能够解决旧工业建筑地下空间中电力、电信等各类管线敷设的问题。

5.3.4 管网功能再生重构

管网功能置换是指改变部分或者全部管网使用功能，保留管网原基本结构的再生利用方式。根据消除安全隐患、改善基础设施和公共服务设施的需要，可以加建附属市政设施，并满足城市规划、环境保护、建筑设计、建筑节能及消防安全等相关规范的要求。管网功能置换，从不改变管网基本结构的角度来看，可采取节能、生态化等低碳生态策略；从改变部分或全部管网使用功能的角度来看，尤其是在功能选择上，可以借鉴拆除重建中有关绿色建筑、低冲击开发等策略，强调功能转变过程中低碳生态理念与技术的融合。利用既有综合管网打造公共空间，提高人们的参与度，提供一个公共的城市开放空间，将工业文明在公共空间内留下印记，如图 5.28 所示。

图 5.28 沈阳中国工业博物馆

1. 公共空间功能植入

综合管网是工业文化的重要载体，利用综合管网进行公共空间改造，在旧工业建筑再生利用中具有特定的含义。只有不断引入新功能，才能使公共空间充满活力，提高人们的参与度。例如，通过引入商业、休闲、娱乐等功能，结合厂区广场、庭院以及再生利用后休闲场所置换不同的文脉要素，布置一定数量的座椅、景观小品等公共服务设施，将其作为空间载体，弥补厂区公共服务设施不足的缺陷。同时，为厂区提供开放的交通、交流区域平台，集聚人气，提高地段活力，并进一步引发集聚效应，对旧工业厂区进行整合，引发大范围、整体的联动效应。如图 5.29 和图 5.30 所示。

图 5.29　管道制作的座椅

图 5.30　管道制作的景观小品

2. 场所精神重塑

既有综合管网是工业文明的见证者，再生利用旧工业建筑部分综合管网，有助于重塑场所精神。具体方法包括：将综合管网集中的核心节点，打造为旧工业厂区的开端或高潮所在节点；凸显核心场所，强化厂区公共空间的布局及层次，体现工业历史文化价值与意义；利用相关历史片段以及事件、场景的融入，打造一个有意义的场所空间，为人们与场所空间的互动提供可能性，引发情感共鸣，提高场所空间的参与度，保持空间活力并促进集聚效应的发挥，如图 5.31 所示。此外，利用旧工业建筑或工业设施设备的大尺度，与管道相结合构成视觉中心，从而成为场所空间比例与尺度把控的关键节点。在旧工业建筑内部，对综合管网进行打造并塑造为核心空间，作为厂区内的关键节点。依托旧工业厂区独特的工业文化，以点、线、面等方式分布在厂区内部，从而营造良好的空间秩序，各集聚点相互结合形成联动反应，促进综合管网在旧工业建筑再生利用中发挥更大范围的作用。例如，成都东郊记忆，通过在具有历史文化价值的空间场所内引入新功能，在原有工业空间肌理中增加既有综合管网的核心节点，保证节点之间的联系，构建了以地段入口、音乐风情街以及既有高耸构筑物为主线的空间，打造人与场所空间的对话，引发人们对工业历史的共鸣，如图 5.32 所示。

图 5.31　英式工业风管道装饰

图 5.32　成都东郊记忆工业管网支架

3. 新管网节点塑造

对于旧工业建筑，如果既有综合管网不具备一定的历史文化价值，则可以引入新的综合管网，将其打造为原始节点。根据厂区的地理位置和区位条件，对综合管网进行功能重定位及空间形态定位，可更高效地为周边区域服务，提高人们的参与度，增加地段活力。

5.4　既有综合管网再生利用的形式

5.4.1　保留原有功能

受原厂区工艺流程、设备尺寸、工业生产条件的限制，管道形式由其功能所决定。旧工业建筑再生利用时，既有管道结构与新功能之间不相匹配，因此要对综合管网进行重构。然而工业生产活动和现代生活行为之间，存在某些相同的、能够保留和延续的功能。旧工业建筑再生利用后基本不再进行工业生产，因此原有工业专用管道需要进行功能转换，既有管网中的市政通用管网可以根据其现状继续使用。旧工业建筑再生利用时，应将旧工业厂区保留下来的原使用功能，运用到再生利用后的厂区中并实现相同的功能，延续并激活厂区价值，如图 5.33 和图 5.34 所示。

图 5.33　保留并适当替换室内市政管道　　　图 5.34　既有供热管道再生利用

5.4.2　提升基础设施

旧工业建筑中通常存在多种废弃的综合管网，再生利用时会产生部分管道垃圾，对于这些废旧材料，应采取再生利用的方式，使其融入新的景观设计当中，从而减少外运、填埋所造成的资金和环境资源浪费。

对于体积较大的废弃综合管网，在确定无污染危害的前提下，可作为景观、标志等就地保留，并采取措施固定形态。在旧工业建筑管网集中的区域，可通过设计景观节点，增加观景塔，为工业遗址增加景观地标。如德国鲁尔地区再生利用，在山顶利用厂区中的废弃管网建立了一座抽象的三角形观景塔。

对于体积较小的废弃综合管网,可进行景观再生利用,也可作为景观节点,或将管道与其他材料结合,形成当代艺术雕塑。工业半成品经过设计、组合之后也可搭配成景观雕塑作品。再生利用形式见表 5.3。

综合管网公共服务设施再生利用形式 表 5.3

废旧管网类别	公共服务设施再生利用形式	示意图
废弃管道,市政通用管网或工业专用管网	指路牌	
废弃管道,市政通用管网或工业专用管网	厂区标志	
管网设施,市政通用管网或工业专用管网	道路车挡	
废弃管道,市政通用管网	娱乐设施	
废弃管网设施,市政通用管网	厂区座椅	
废弃管道,市政通用管网或工业专用管网	物架	

5.4.3　完善艺术小品

1. "齿轮叠加" 空间化应用

图 5.35 所示布朗餐厅，位于阿根廷布宜诺斯艾利斯，餐厅大厅墙面上布置了巨大的钟表表芯，表芯中的齿轮被拆解并重新排列组合，形成时间流动的视觉冲击。墙上的齿轮主要以直齿轮圆柱转动、斜齿轮圆柱转动和人字形齿轮转动作为主要模拟形态，不同种类的齿轮排列组合能够产生不同的层次感。整体装饰由上而下形成了上实下虚、上宽下窄的整齐形态，这也是通过不同齿轮间的疏密搭配达到的效果。在层高较大和纵深较大的空间中，应用这一元素很容易营造出工业管网中穿越和拼接的视觉感受，设计师将相对平面化的齿轮组合方式应用于墙面装饰，很好地融于空间，是整个空间的亮点。

图 5.35　布宜诺斯艾利斯布朗餐厅

2. "管道纵横" 空间化应用

室内装饰中，通常对管道进行弱化处理，使其与空间融为一体。处理方法大多为采用遮蔽物掩盖，或表面涂刷与空间色调一致的漆，赋予其实用功能，例如作为吊灯的支架或放置器物的台面等。图 5.36 和图 5.37 所示为位于罗马尼亚的一家酒吧，以工业管网为设计主题，将管道作为装饰元素对吧台与墙面进行集中装饰。这种处理方式不同于传统做法，没有被动地掩盖管道，而是人为添加了大量的管道做横竖排列组合，以此呈现出浓烈的工业时代沧桑感。

图 5.36　罗马尼亚酒吧的墙面装饰

图 5.37　罗马尼亚酒吧的吧台装饰

3."内核外露"空间化应用

法国南特岛的主题公园中，展厅的场景布置和建筑都体现了"内核外露"的设计思路，如图 5.38 和图 5.39 所示。公园的许多艺术作品中，并不是完全裸露内核，而是作一定程度的裸露，或存在小面积外壳，或用破碎外壳加以遮挡。在园林与景观设计中，特别是中国古典园林设计，通常采用隔景、分景、框景、藏景等手法；在空间划分上，通常将个人私密空间与整体开放空间相结合，呈现"欲扬先抑"的体验，在一定程度上通过打破原有节奏来产生"对比"的美感。同样，在装饰上，可通过空间布置来展现内部管网或设备之间的强烈对比。

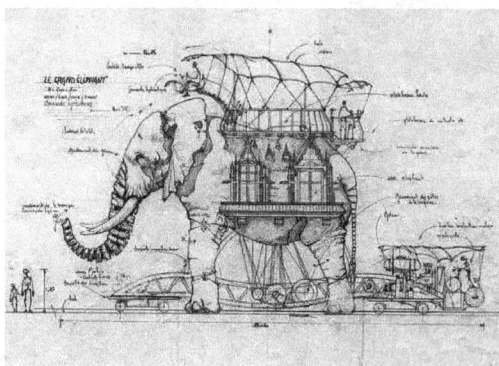

图 5.38　南特岛机器游乐场设计图

图 5.39　南特岛室内展厅

4."组合嫁接"空间化应用

工业小品是旧工业建筑再生利用中的关键一环，它可以使厂区工业文化更具表现力，一般具有丰富多样的内容及形式。由于工业小品对既有材料以及造型、表现手法等方面没有严格的控制标准，因此，大量的废弃管网、管道成为设计师营造小品的重要组成材料。实际应用中，废弃综合管网所包含的独特工业价值与工业美学，相比传统的新材料更具艺术感染力。利用废弃综合管网进行创造时，可将具有特殊含义的综合管网，通过简单处理后直接应用于景观小品的构造中。这类小品所蕴含的工业历史文化，往往会引发人们驻足深思。例如中山歧江公园的设计中，将中山造船厂遗留下来的管网、设备进行组合嫁接，形成了别具一格的景观小品。

如今在城市绿地设计中，设计师们会别出心裁地利用一些过去日常生产中的使用工具进行创作并设计更完善的工业小品，使人们在享受美好生活的同时，体会过去工业生产的文化与生活。既有综合管网再生利用，除对废弃管网直接利用之外，还可以将厂区发展演变中所产生的废弃管网作为原料，经过处理组合后进行工业小品的创作。目前，这种设计手法被广泛采用，这些利用废弃管道制造出来的产品，由于独特的造型与选材，引发了众多行人与游客的关注。如图 5.40 和图 5.41 所示。

图 5.40　由管道制成的雕塑　　　　图 5.41　以阀门为主题的工业小品

第6章 生态环境绿色再生利用机理解析

6.1 生态环境绿色再生利用机理解析内涵

6.1.1 生态环境绿色再生利用机理框架

旧工业建筑生态环境绿色再生利用的价值包括资源再生利用、生态环境修复、低碳与节能、工业遗产保护等。为充分发挥生态环境再生的价值，采用废弃物及垃圾处理、土壤及水体再生、植被及地形修复、绿色再生技术应用四种方式，最终达到景观环境营造、绿色发展理念推广、资源可持续利用的目的。生态环境再生机理框架如图 6.1 所示。

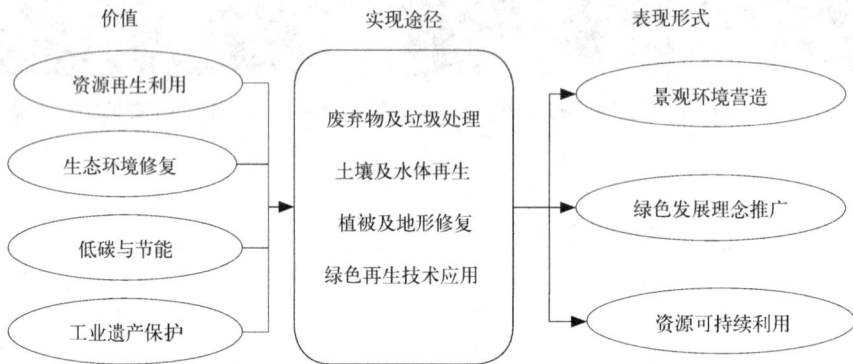

图 6.1 生态环境再生机理框架

6.1.2 生态环境绿色再生利用要素

生态环境绿色再生利用的要素包括废弃物与垃圾、土壤与水体、植被与地形。

1. 废弃物与垃圾

工业废弃场地中可以进行再生利用的废弃物种类繁多，并随着废弃场地的原有使用功能不同表现出不同的再生利用价值。综合来看，可再生利用的废弃物主要有：物体本身不会对环境产生污染且对人体和其他动植物没有危害的工业原材料、废弃工业品、废弃设备、废弃工业机器和零部件、工业建筑构件，以及原场地内的拆除物，包含砌体材料、表层覆盖材料、结构体等。

2. 土壤与水体

（1）土壤

对于土壤污染严重的工业废弃场地，解决土壤污染是首要问题。因此，必须先探究土壤的污染源，然后进行针对性地处理，一般工业废弃场地的土壤污染源主要包括：金属采矿、冶炼等工业废水、废气，工业废弃物的地面堆积，原材料、产品的泄漏如油污、核材料，汽车尾气熏染等。改造区域内的土壤大致通过以下两种景观治理手段：

1）针对被重金属严重污染的土壤，通过隔离层将其封存起来，并在上层铺埋新的土壤，围合成景观树池或花池。

2）针对较轻的土壤污染，可采用渐进式生态修复理论指导土壤污染治理。例如拉茨提出的"公园＋污染物＝场所"，用于德国北杜伊斯堡景观公园的小料仓，采用原有植被自然进程式的恢复。

（2）水体

改造区域内的水治理与再生利用也是项目生态恢复的重中之重，方法如下：

1）雨水收集再生利用。巨大厂房结构提供了面积宽大的屋顶，为达到水体再生利用的目的，可利用屋顶收集雨水，通过排水管流入原有的蓄水池，经过蓄水沉淀，再灌溉到景观区，作为补充用水。

2）水净化系统。把工业废水作为贯穿整个主场地的中央水池的来源，利用人为的地形高差，设置不同的水域，并在每个阶段，按照自然形态的形式种植不同的水生植物，净化水质，美化环境。

3）景观水池。可将水池内的水通过天车架构暗藏水管浇灌到各个景观区，达到重新利用的目的。

3. 植被与地形

（1）植被

创意产业园区景观生态的主要组成部分是植物，植物具有多种功能性，不仅有造景功能，而且可以划分空间，此外，绿色植物可以让人从心灵上感到放松和平静，进而帮助园区内部的使用者消除疲劳。而大部分工业场地内由于过分注重生产功能，园区绿化程度较低，植物的景观配置也较为单调，景观层次不够丰富。因此，在改造设计中要进行自然生态环境再造，优秀的艳群植物配置应当是系统化地表达和强调场地的布局，同时构成开放空间、闭合空间或半闭合空间相互联系的格局，可以拓展地形，提供地方与地方之间的过渡带。图 6.2 所示为上海后滩公园季节性植物种植部署。

在塑造景观的过程中，植被是不可或缺的元素，对于工业厂区的生态修复也起着决定性的作用。植被作为景观中的相对静态的群落，最能反映某个区域的生态状况。植被对于工业厂区作用主要体现在以下两个方面：一方面，可以改善土壤、修复环境；另一方面，可以对建筑物、构筑物和广场等硬质景观起到柔化协调和空间造景的功能。

所以，研究工业遗产景观中的植物再生技术与方法尤其重要，也是生态可持续发展的重要方面。

图 6.2　上海后滩公园季节性植物

（2）地形

在地段环境改造设计中，根据所赋予的新功能，对原有道路、绿化及停车进行适当的调整或重新设计是很有必要的。地形改造设计时，通过对基地现场的调研及测绘，绘制出场地建筑的平、立、剖面图等，再按照基地总平面图等进行整体的规划设计。

6.2　生态环境绿色再生利用的价值

由于全球性气候变暖，自然环境遭受破坏，探究其原因，人们发现，造成环境污染和破坏的主要原因是人类频繁的建造活动。人们在建造活动中造成的影响不仅包括大量占用空间场所，还包括在人力、物力、财力运用方面产生的一系列污染和破坏问题。研究发现，目前全球超过一半以上的能量消耗来源于建筑的建造和使用过程。有数据表明，英国每年会产生 7000 万吨以上建筑垃圾，占英国垃圾总量的 16%，而我国当前城市建筑垃圾总量在垃圾总量中的占比为 30% ~ 40%，该比例显著高于西方发达国家。对旧工业厂房采取推倒重建的方式虽然相对简单，但在建筑物拆除过程中，不仅会产生大量污染物、噪声污染及废弃垃圾等，还会造成大量的资源与能源浪费。而合理地改造利用旧厂房，使其具有新的功能，不但能减少对环境的影响，还能有效保护生态环境，实现建筑的可持续发展。这种利用模式更好地适应了生态建筑发展目标，符合"再评价、可更新、可再用、可循环、减少能耗和污染"的原则，践行了生态学当中所提倡的"5R"理念。

6.2.1　资源再生利用

工业用地上产生的生态环境问题主要来源于资源过度开发、粗放利用及奢侈消费。在旧工业厂区的生态化改造过程中，首先需要把工业用地的节约集约利用作为着力点，强化土地等各类资源数量、质量、生态"三位一体"全面管护，协调工业用地资源的开发利用与生态保护，从根源上开展生态化改造。

通过实地调研可以发现，旧工业建筑厂区一般呈现出相对衰落的状况，如道路狭窄、环境脏乱、分布杂乱，这些都与周边环境极不协调，影响了周边环境甚至城市的整体形象。在改造过程中，要尽量保留一些具有一定价值的建筑外墙，使原有建筑的整体风貌不被破坏。为了使旧工业建筑与周围环境协调，可以适当加入现代感强、容易与周边环境协调的材料，比如金属、玻璃、木材等。对于外表较为破旧，无法修复或者影响整体功能需求的墙体，可以整体或局部拆除。改造过程中要保证外部形象和内部形象之间的逻辑统一性，不能内外环境毫无关联。处理时，可以找到相似的形式逻辑，体现内外空间的关联性。比如，可以采用相同或相似的材质；还可以通过色块、文字、图形、植物等元素进行衔接。总之，绝不能只注重外部空间的修饰而忽略了内部空间的协调，导致空间整体环境的不整体、不统一、不同步。图 6.3 所示上海同乐坊，其内外空间的连接较为协调。

图 6.3　上海同乐坊内外空间的连接

6.2.2　生态环境修复

因长年累月的生产活动，工业建筑对生态环境造成了污染与破坏，尤其对水体、绿化、土壤等的破坏明显。旧工业建筑外部空间环境的污染，也是导致其闲置和废弃原因之一。

因此在进行生态环境的保护与修复时，有必要利用环境的特征，在改造时将影响减至最小。

首先，采取多种治理措施保护生态环境，通过自然生态循环和人工处理方式来达到环境的恢复。再生利用过程中应注重建筑废料的循环再生利用，不但体现资源循环利用的生态理念，而且能减少人力、财力和资源的浪费。其次，利用自然资源与周边的环境结合，营造舒适的工作和生活空间。另外，水体的恢复和保护工作也不容忽视，水是可再生资源，雨水和废水经收集净化后，形成再生水，可用作植物的浇灌或卫生间的冲厕用水，实现水生态的良性循环。

一个具有代表性的生态环境恢复改造实例就是德国鲁尔工业区（图6.4），该项目的景观、工业设施和旧工业厂房曾遭到严重污染，但经生态保护手段进行保护与再生利用，赋予其新的使用功能后，旧工业区的生态环境得以还原。这对之后的旧工业建筑保护与再生利用是一个很好的借鉴。

(a) 改造前外景　　　　　　　　　　　　　　(b) 改造后外景

图6.4　德国鲁尔工业区

旧厂区原有道路、设施、场地等要素都是为生产服务的。因此，在功能上，除了无法满足现有需求之外，外部环境也显得单调、乏味，缺少场所精神和人文关怀。改造过程中应该根据使用的要求，因地制宜提出空间的分配方案，充分考虑使用空间的合理利用。旧厂房室内材质构成一般比较简单，设计者在改造中应该保留这种质朴的风格，把它作为一种独特的工业元素加以利用。对于原有厂房遗留的废旧材料，提出合理的再生利用方案，通过就地取材或者就近取材，减少运输上的资源浪费和对环境的污染。同时，通过对建筑朝向利弊的分析，组织自然通风，利用自然采光，以改善室内热环境，减少资源的浪费。南京国创园的挡路铁墩和苏州创意泵站原管道再生利用分别如图6.5和图6.6所示。

图 6.5 南京国创园的挡路铁墩

图 6.6 苏州创意泵站原管道再生利用

6.2.3 低碳与节能

"低碳经济"一词最先在 2003 年由英国提出,其核心是建立经济高效、能源节约、低碳排放的生产方式和消费方式,形成可持续的能源系统、技术体系和产业结构。以全球变暖为主要特征的全球气候变化,已成为 21 世纪人类面临的最严峻的环境挑战。

对于可持续发展,在 1987 年发表的《我们共同的未来》中提到:"既要满足当代人的需求又不对后代人满足其需求的能力构成危害的发展"。近年来,气候变化成为世界难题,它对全球经济社会的可持续发展形成了严峻的挑战。低碳经济能可最大限度地减少煤炭和石油等高碳能源消耗,它包括低碳生产和低碳消费两个层面,是以低能耗、低污染为基础的经济,目标是建设一个良性的、可持续的能源生态系统。

在旧工业厂区的改造中,可以节省建筑拆除和重建的过程中人工、材料、能源等的费用;旧工业厂区经过改造后也会吸引更多的商业投资,达到低投入高回报的目的;商业元素的引入使得旧工业厂区既可以为自身带来经济效益,还能够促进周边地区的经济发展。例如,由几个废弃的工业厂区组成的北京 798 艺术区,旧厂房经过一番装饰和改造之后作为画廊或者设计工作室,在对原有旧工业建筑进行保留的同时融入现代艺术语言,形成强烈的视觉和文化冲击。由于其颇具特色的改造与发展,吸引了大批人群关注与投资,不仅提升了区域的品质,而且带来了巨大的经济效益。

在旧厂房改造过程中,会产生大量的建筑废弃物,如废砖、金属废料、混凝土废块及废木料等,如果作为建材加以使用,不但能起到保护环境的作用,还可以节省大量改造成本和资源。当前,旧建筑材料的再生利用主要包括直接再生利用和间接再生利用两种方式。直接再生利用是指在保持材料原型的基础上,通过简单的处理,即可将废旧材料直接用于建筑再生利用的方式。相对而言,建筑材料的间接再生利用耗能量大,需要经过较为复杂的加工程序进行回收再生利用,与化工材料学科密切相关。由于间接再生利用程序相对复杂,一般改造中采用较多的是直接再生利用。比如,塌方的地面需要填方;主要构件的保留空间可以利用旧材料垃圾中的渣土、废砖瓦、废混凝土、废木材等实现再生利用；为了体现历史感，可以通过新旧对比形成特殊的突出效果；在沿用原有墙面形态、肌理、材质的基础上，通过局部或使整体改变颜色或造型实现再生利用。同时，材料再生利用并不意味可以对任何材料进行任意地、简单地直接再生利用，而是提倡旧建筑材料资源的合理化再生利用。图 6.7 所示为南京国创园厂区利用既有资源做成的展示品。

(a) 展品一　　　　　　　(b) 展品二　　　　　　　(c) 展品三

图 6.7　南京国创园既有资源利用

6.2.4　工业遗产保护

在城市中，建筑单体和历史区域都承载着城市的发展史，它们的有机组合给一座城市带来了独特的风格特色，对保护城市历史和延续文脉有着至关重要的作用。随着经济快速发展，建设节奏加快，许多城市的特征都逐渐被同化而变得模糊不清，失去了原有的意味。然而，旧工业厂区作为一座城市的历史符号，令人印象深刻并充满回忆。因此，在生态可持续发展的大背景下，对旧工业厂区进行有效地保护和改造既体现了生态保护思想，也是一种对城市历史的保护和对文脉的传承方式。从生态视角来看，在保留旧工业厂区原有风格的原则下进行的改造，可以有效提升城市价值，实现城市建设中经济、环境和人文的和谐统一。

旧工业厂区的建筑密度较高，工厂的工业活动停止后遗留了大量的工业设备、车间和厂房。这些工业遗产都具有较高的历史、艺术、科学技术以及社会和经济价值，应予以尊重和保护。拆除重建的方式会在破坏工业遗产的同时导致高昂的投入，与其投入大额资金去拆除这些工业遗产，不如将它们作为工业文明的纪念物加以保留和展示。

旧工业遗产的保护有利于优化土地资源的配置，盘活土地存量，促进地方经济。工业遗产往往位于城市的核心地段，也是城区较早的繁华区域，是发展第三产业的良好位置，将原来的单一功能化为多功能区，对当地的经济是一个增长点。

旧工业遗产的保护有利于发掘和保护地方文化。由于现代生产工艺和生活方式的改变，旧的建筑已经不能适应需求。但旧的建筑，留下了时代的烙印，传承了时代的文化，是工业痕迹的延续，如果加以保护利用，既可以保护地方工业文化，又可以为市民提供文化教育场所，提升城市的文化品位。

作为近现代工业文化代表的工业遗产，在城市中占据很大一部分内容。旧工业遗产的保护应根据"历史文化遗产保护优先，全面、科学、系统保护"和"保存历史风貌和改善环境并举，保护和利用相结合"的原则，促进与周边地段乃至整个城市的风格相协调，促进工业遗产的可持续发展。

下面以杭州拱墅区运河工业遗产保护更新为例（图 6.8），介绍如何通过推进工业遗产旅游产业和发展创新创意文化产业，使工业遗产更好地得到保护和利用。

图 6.8　杭州拱墅区运河夜景

1. 推进工业遗产旅游产业

工业遗产旅游，源于人们的怀旧心理以及工业遗产本身独特的魅力，因此，对于寻找转型及再生的老工业区，进行旅游开发可作为一条出路。杭州拱墅区运河工业遗产保护，结合运河的基地产业开发工业遗产的旅游，立足于公共化、综合化、生态化、品牌化的战略，将运河和工业遗产结合，形成了一个开放的公共游玩空间。工业遗产因具有不同的历史，有不同时期、不同特色的工业文化，通过低投入，发展新型旅游景点，既提高了城市的品位和城市形象，还形成了当地的新型产业，带动了基地产业的发展。

2. 发展创新创意文化产业

随着我国加入世界贸易组织，全球化进程不断发展和深化，文化创意产业越来越受到社会看重，人们追求创意文化的意识逐步增强，创意文化产业显示出了空前的美好前景。全世界文化创意产业正成为 21 世纪具有较高商业价值和丰富文化内容的绿色产业。

文化创意是 20 世纪 90 年代发达国家提出的一个新概念。杭州在发展创意文化产业时，以创意为核心，文化为灵魂，通过科技支撑，建立以知识产权开发和运用为主体的知识密集型、智慧主导型战略产业。对运河周围的工业遗产，如具有历史文化价值的老厂房、老仓库、老办公楼等，通过与艺术团体、高等院校和文化企业的合作，培育创意产业的领军企业（图 6.9 和图 6.10）。此外，通过政策营造创意产业的良好环境，充分发挥高等院校等研究机构的文化科技生产功能；与会展业相结合，通过新产品的宣传、展览、展销，构建创意产业交易平台，同时促进与之配套和服务的其他产业发展，从而带动整个城市的经济发展。

图 6.9　杭州拱墅区运河图书馆　　　　　图 6.10　老厂房变身时尚餐厅

6.3　生态环境绿色再生的实现

旧工业厂区的废弃物和垃圾包括废弃的生产资料、废弃的砖瓦和工业生产过程中产生的大量废渣、废料垃圾，这些垃圾堆积，对本场地及周边地区的环境产生了不良影响。然而，这些废弃物和垃圾也可以成为一种资源。设计师依照生态改造的原则，可充分利用废料，让其扮演新的角色，最大限度降低对新材料的消耗，从而减少新材料生产所需的能源，使其成为对环境和人体没有损害的城市景观元素。具体处理方式有以下几种。

6.3.1　废弃物及垃圾处理

1. 直接利用

一些工业废料，由于对环境没有污染可以直接利用，即无需多余的除污或加工，直接运用到景观设计中。如德国杜伊斯堡公园，采用大型锈蚀钢板铺成金属广场（图 6.11），用矿渣铺成林荫广场，而工厂中的部分工业废料也为特殊植物生长提供了土壤。唐山南湖公园的一个改造亮点就是对垃圾的处理。在垃圾山的景观恢复上，遵循"源于垃圾，回馈自然"的原则，根据设计的基本要求尽量选择当地树种，选择合适的植物，以草本植物为主，辅以灌木、乔木，形成多层次景观，山上园路的铺装则就地取材，物尽其用。

2. 间接利用

对影响环境的垃圾废料需进行二次加工，可以通过粉碎、扭曲变形、染色等改变材料的形体和颜色，创造不一样的景观。一些旧工业厂区中堆积了大量煤炭冶炼产生的焦炭、矿渣和废渣，这些废料经去除污垢或加入其他腐殖质后，可以为植物生长提供养分；一些废旧的钢板通过切割、拼接后可作为广场铺装，或者经高温溶化后铸造成其他设施；石头研磨成粉也可作为混凝土骨料。中山岐江公园改造时，将废弃铁板进行切割加工后做成广场铺地，而把废弃建筑垃圾粉碎加工后用来做成地面的填充材料，砖石磨碎后化为混凝土骨料。天津紫云公园设计中，向碱渣中加入一定比例的粉煤灰，通过搅拌、晾晒和碾轧等技术制造出可用于基础设施工程的填垫土，如图 6.12 所示。通过将废料改造与当代艺术相结合，如波普艺术、视觉艺术等，可以实现废料的艺术表现力。如德国杜伊斯堡公园，采用废弃方格网钢板铺地，涂上鲜艳的颜色并拼成图案，使其具有波普艺术的气息。

图 6.11　杜伊斯堡公园金属广场

图 6.12　碱渣堆成的山

6.3.2　土壤及水体再生

1. 土壤的景观修复

土壤是植物生长的物质基础，也是全球生态系统必不可少的组成部分。恢复工业废弃场地土壤的再生能力对平衡地球生态系统具有重大意义。土壤基质经历工业大生产之后，往往受到了严重破坏，植物生长不好，甚至有些地方寸草不生。这是由于工业生产中产生的重金属以及固体废弃物，直接或间接污染了水体和土壤。当土壤中积累的有毒物质含量超出了土壤的自净能力，将影响土壤的新陈代谢，从而使土壤酶活性降低，微生物的繁殖被阻碍，并直接影响到植物的生长。但随着时间的推移，有些受污染的土壤又形成了新的生物群落，而这些野生群落也具有生态和美学价值，体现了不同的野草之美。

工业废弃场地中的废弃物具有差异性，应根据土壤的受损程度来选择合适的修复计

111

划。重金属对土壤的污染是一个不可逆的过程,因此对于土壤的治理是景观修复过程中的一个关键问题。

土壤的治理有以下两种方法。

(1) 改变重金属在土壤中的存在形态,将其固定下来,从而降低其在环境中的迁移性和生物可利用性,即对污染或污染严重的土壤,采用新的土质替换污染部分,在严重污染的土壤上覆盖一层土,隔离植物根系与下层有毒土壤。德国杜伊斯堡公园的埃森旧钢铁厂,大片土壤受到多环芳烃严重污染,设计师彼得拉兹提出将一层沥青覆盖在受污染的土层上,以密封污染物,再在上面覆盖土壤,同时设置排水系统,防止地表水的渗透。处理后的土壤层,维护了植物的正常生长,并在多年后形成了一个新的绿色景观。随着科学技术的发展,生态思想逐渐被大众熟知,越来越多的景观设计师意识到只有彻底分解污染物才是根本,于是开始借助施肥料、有机质及其他分解物质来改善受污染较轻的或贫瘠的土质,同时选择种植具有强抗性的植物,这样做可以大大降低工程造价。

(2) 通过物理、化学、生物等方法去除土壤中的重金属物质,包括:

1) 利用细菌降低土壤毒性

细菌产生出的部分酶可将某些重金属还原,降低重金属的毒性,使其结构稳定。

2) 应用植物去除毒害物质

有些植物由于长期生长在重金属含量高的土壤中,在进化过程中已经适应了这种环境,不仅可以吸收土壤中的大量有毒元素,且不会影响植物的正常生长。设计师可以选用这些植物来修复土壤,去除土壤中的重金属,改善土质;同时,把植物当成生态景观设计,达到景观修复的目的。

3) 肥料改良法

通过在土壤中加入腐殖酸类肥料和其他肥料,增强土壤对重金属的吸持能力,减少植物吸收的有毒物质。同时,腐殖酸是重金属的凝合剂,在合适的条件下会与重金属结合固定,降低土壤的毒性,并增强土壤的肥力。

4) 添加剂法

通过在土壤中添加一定量的黏合剂、土壤改良剂来消除一定量的重金属。如美国的西雅图煤气厂公园,位于联合湖北部一片湖面的岬角,以前是一个荒弃的煤气厂,属于重度污染。设计师在进行公园土壤修复时,没有采取代价昂贵的蒸汽处理有毒物质法,而是在公园建设初期,依据土层深度不同采用不同的土壤治理方式。先铲除受到严重污染的表层土壤,然后引入无污染的土壤进行置换,在此过程中还要逐步加入污泥、草屑及可合成肥料的废弃物来丰富土壤肥力,培植出的微生物和植物可以消化这些污染物质,净化污染的土壤。对于含有石油和二甲苯的深层土壤,可以通过引入能够吸收油污的酶和其他有机物,以及利用土壤中的矿物质和细菌来处理,尽管历时较长，却大大节省了开支，并充分保留了基地特色。煤气厂公园被称为后工业景观环境处理的经典案例，如图 6.13 所示。

图 6.13　西雅图煤气厂公园修复后的土壤

2. 水体的景观修复

水是生命之源，万物皆因水而灵动，水构成了许多壮丽的景色，同时也成为景观元素的重要组成。工业化生产中的污水如未经处理排入河流，将导致水体富营养化，河流内水生植物死亡，鱼虾绝迹，河流失去原有的生命力。工业采掘地内还会存留许多雨水，水中含有大量的有害污染物质，如不做适当处理，会对景观的重生产生严重影响。

在工业废弃场地的水治理过程中，设计师不仅要治理水，还需要改造水的周边环境，通常会根据污染程度和水面规模大小采取合理的措施。对于污染程度小、面积稍大的水体，可采用自身净化与复活相结合的生态方法；对于大面积水体，应创建初级生产者、消费者和分解者为一体的水生生态系统，既避免水体富营养化，又能提供生物产量。对于污染程度较大、面积较小的水体，可以采用直接填平、固化的掩盖式手法，在经济条件允许时可以换上干净的水体，设置亲水岸线。通过植物吸收和微生物活动来处理污水的技术手段有很多，包括物理、化学和生物方法。

德国杜伊斯堡公园场地污染严重，为避免污染物进入埃姆舍河，河水仍需通过混凝土的河道流经公园。设计师在水体修复时并未采用传统的填平方法，而是重新设计了旧河床的坡度，改建坡道，改善地表渗水能力。公园的废水通过地下管道连接原有管道系统，通过污水自净系统将收集的雨水输送到各个管道，用于浇灌植物的公园排水渠被改造成水体景观，用风能动力维持水循环，最终形成一条生态景观的河道。市民可以随着时间和空间的变化感受河道的自净和复活过程，以及自然所表现出的自组织能力和自然能动性，如图 6.14 所示。设计的目的是通过景观修复使被破坏的环境重新恢复活力。这种生态净水系统改造虽然不能在短时期内看到效果，但可以解决水污染的根本问题。

作为国家湿地公园的代表，唐山南湖湿地公园在污水处理方面的经验值得借鉴。在污水处理方式上，南湖公园发挥了原有积水多、植物多样化、水资源较为充裕的优势，拦截采煤区周边的污水排放口，引入大量净水形成湿地公园。同时，植入大量的湿地植物，通过植物吸收污染物来净化水体，湿地也成为水禽和鸟类的栖息之地。唐山南湖湿地公园在涵养城市水源、保持区域水平衡、调节区域气候、降解污染物、保护生物多样性等方面起到了很大的作用，并产生了巨大的生态效益、经济效益和社会效益。在生态植被恢复方面，通过实施大规模绿化工程，昔日不毛之地如今已成为林地成片、生机盎然的城市公园。如图6.15所示。

图6.14　杜伊斯堡公园内的运输水渠被改造为雨水收集净化点

图6.15　唐山南湖湿地公园

6.3.3　植被及地形修复

1. 植被的景观修复

植物在地球上的物质和能量循环过程中起着非常重要的作用，它可调节小环境，改善气候，吸尘，舒缓人们的心情，提供精神上的享受。植被也是城市景观的重要组成部分，它在一定程度上反映了城市的景观环境状况。在矿产开采过程中，植被受到了严重的破坏，并导致了对整个景观环境系统的破坏，如不采取有力措施，将造成土地的大面积荒芜。在对废弃场地进行植被修复时，要对土壤进行分析，测试植被的适应能力，采用换土、覆土等措施，去除有害物质，增加土壤中的营养元素，选择适宜在该土地生长的植物种类，最好选择乡土树种。采矿塌陷区有很多积水，应在塌陷区外围进行植被的修复。设计师不仅可以通过植物种植来营造良好的景观，还可以利用植物的自身特色对土壤进行改良。因此，应研究哪些植物适合在恶劣条件下生存，并且可以有效地改善工业废弃场地的土壤，解决污染问题。

（1）自然再生的植被

工业废弃场地景观修复的植被重构首先要考虑场地原有植被。在场地荒芜，污染不再加剧的情况下，场地上往往已形成新的野生群落，呈现出缓慢向上的自然演替过程。应尽量保留这些野生植被，这些新的生物群落不应再被认为是荒芜破败的象征，而是具有很高的生态和景观美学价值，唤起人们对自然的尊重。它们与周围的生物达到了新的生态平衡，使废弃场地更具生机和活力。

在许多工业废弃场地的景观修复中，应选择一些人流量少、活动少的区域，把保留的野生植被与改造后的工业景观构筑物相结合，创造出具有视觉冲击力的景观效果。随着时间推移，地表遗留的工业痕迹会逐渐被缓慢生长的植物掩盖，展现自然的力量，这是人工种植的植被无法取代的。设计师不仅可以通过植物种植来营造景观，还可以通过植物自身特点改良土壤，节约土壤的改造成本。

建立在粤中造船厂旧址上的中山岐江公园，充分保留了原有的众多古榕树和发育良好的地带性植物群落，对于与之互相适应的生态环境和土壤条件也做了再生利用。这些曾一度被城市居民所忽略的野草，经过设计师的巧妙处理后变得美不胜收。

德国杜伊斯堡公园在规划设计之初就提出了保留原始野生植被的思想，在有效控制污染的基础上，利用污染物表面丰富的野生植被，结合工业遗迹进行景观设计，最大限度地保留了工厂的历史信息。

（2）适应特殊介质或改良土壤的植物种植

在污染极为严重，已经导致被破坏的生态系统不可逆转时，就要人为干预。此时工业废弃场地的景观修复仅仅采用再生利用原有自然野生植被是不够的，对于一些污染严重的土壤应加入腐殖质，并通过引入大量其他种类的植被来改善土壤。在生态平衡可以逆转时，应将地块保护起来减少外界的压力，让其自然净化修复。

德国杜伊斯堡公园在设计初期就提出了要将原始野生植被保留下来，同时保留厂区中的焦煤及矿渣，作为植物的生长土壤基质。经过改良后，选择抗性较强的桦树排成规则式的树阵，生机勃勃的树林与古旧的废弃工业建筑构成了一个崭新的生态综合体。

中山岐江公园在设计中保留了原有的水面及原有的野生植物，结合水位的变化，选择芦苇、白茅、荷花、菱白、营蒲、旱伞草、茨菇等多种乡土水生植物，形成了水生—沼生—湿生—中生植物群落带，充分展示了自然生态的和谐美和野生植物的朴素美，如图 6.16 所示。图 6.17 所示为上海徐家汇公园植被修复后的景观。

图 6.16　岐江公园植被及水生植物　　　图 6.17　徐家汇公园植被

在早期的工业废弃场地，恶劣的生态环境严重影响了新种植物的正常快速生长。随着科技的发展，在荒废土地或被破坏的岩质等场地重新培育出和谐、统一的植被已不再是难题。

2. 地形的景观修复

对地形的处理，大多数景观设计师只是单纯地对地势进行简单的起伏变化，但也有大地艺术家，以大地为画布，以泥土为材质，在工业废弃场地上雕塑出极富生命力的作品。

天津塘沽的紫云公园就是用工业废料—碱渣堆砌而成的。设计师用碱渣堆成了一座山峰，此起彼伏，从远看，丰富了城市的天际线。如图 6.18 所示。

图 6.18　天津塘沽紫云公园

设计师还可以通过地表痕迹构成艺术的整体。哈维菲特在德国诺德斯特恩公园的建设中，分界地表特征，依高就低、铺路筑墙，通过几年的景观修复，使原采石场变成雕塑般的景观，整个场地成为一项雕塑艺术。大地艺术家莫里斯在采矿坑基础上创造的艺术作品"无题"，就是充分利用了矿坑的形式。公园保留了矿区的大部分设施，在原有矿坑地形的基础上进行大地艺术式的处理，艺术家不管是用传统工具还是借助于现代机械，都强化了工业废弃场地的地表痕迹特征。

对于工业生产在自然中留下的痕迹，景观设计并不试图掩盖或消灭这些痕迹，而是尊重场地特征，采用保留、艺术加工等处理方式，将场地上独特的地表痕迹保留下来，成为代表其历史文化的景观。工业废弃场地是一些艺术家偏爱的创作场所，而通过艺术创作，这些场地的景观价值也得到了提升。

6.3.4　绿色再生技术应用

1. 通风系统改造

风对场地环境以及建筑内部微气候环境都有重大影响。夏季风能增强室内空气对流，加快室内外热交换，降低建筑室内温度，节约空调带来的能耗；冬季风则会增大建筑围护结构外表面的热损失，影响建筑室内采暖能耗。所以在旧工业厂房改造中，应尽可能利用自然通风提供新鲜的空气，改善建筑内部空气质量并使内部热环境舒适。另外，要根据建筑所在地气候条件和改造后的使用功能及空间特点，采取相应的通风方式。常见的通风方式有自然通风和机械辅助通风。

(1) 自然通风

采用自然通风不仅能将新鲜的空气引入室内，更重要的是，在条件允许时，可以取代空调系统。即使室外空气湿度较大时，需用空调系统进行降温降湿处理，也可输送室外新风，省去风机的能耗。这样不仅有利于人的生理健康，提供舒适内环境，还能降低能耗。在建筑中，有以下几种自然通风方式。

1) 风压通风

利用风压可以促进建筑内部的空气流通，改善室内的空气质量。风压作用的原理是：风作用于建筑表面时，会在迎风面和背风面，以及屋顶和两侧外表面间产生压力差，促使气流从正压区流向室内，再流向负压区。建筑的形状、大小，风与建筑表面的夹角，以及外环境，都会影响压力差的大小。

风对建筑的作用力由一个水平力和一个垂直升力组成。对于水平作用力，改造时需考虑建筑朝向，尽量将窗、通风口朝向迎风面以获取自然通风。而垂直升力则会产生伯努利效应（Bernoulli Effect），在设置进风面的斜屋顶形成巨大吸力，发生兜风现象，改造时可利用管式通风，在进深较大的建筑中设置横向风通道，带动室内空气流动，改善室内通风条件。

2）热压通风

又称"烟囱效应"，即利用建筑内部形成的空气热压差，达到建筑自然通风的目的。其中，进、出风口的高差和室内外的温差都会影响热压通风效果，差值越大，热压作用越显著。热压还与中和面的影响有关，只有处在中和面以下的窗口，气流才能进入室内，并从中和面以上的通风口排出。因此，在设计中可与中庭系统相结合，通过提高排风口的高度来提升通风效果。当然，也可利用建筑内部的楼梯间、中庭、拔风井等满足通风口的高差要求，使建筑各层都能达到良好的通风效果。自然通风的热压式更适用于不同的外部风环境。

（2）机械辅助通风

对于高大开敞的旧厂房空间，空气流动的路径长、阻力大，仅靠自然通风不能满足室内通风要求。如果外界环境污染（如空气和噪声污染）严重，就更不利于自然通风的使用。这时，通常采用机械辅助式通风解决这一问题。通过机械辅助的手段，促进新空气的流入和热空气的排除，从而加快室内空气流通，是一套完整的、绿色的空气循环系统。该系统已成功应用于德国柏林国会大楼议会大厅的改造项目中，其通风系统的进风口设置在西部门廊的檐部，利用机械装置将新风吸入风道，再从地板出风口缓慢地送出，空气均匀地流过大厅，最后从倒锥形顶棚出风口排出。此时，穹顶相当于一个巨大的拔气罩，提升了通风效果。

此外，在天气炎热的季节，夜间和清晨的气温相对较低，风速较慢，而午后气温较高，风速较大。此时，实行间歇式机械通风再合适不过了。白天限制通风，可使室内保持凉爽；夜间，机械通风装置可以提高通风效率，降低室内温度。而且，采取间歇机械通风不仅能改善室内热环境，还可降低空调所带来的能耗。因此，在天气炎热的季节或地区，适合采用间歇式机械通风。

2. 照明系统更新

（1）自然采光

太阳光是充足、高效、免费的光源和能源，最直接地影响着建筑内环境。合理利用太阳光，不仅可节约能源，还能创造出自然舒适的室内环境。如通过各种采光、反光构件或遮阳设施，将自然光引入室内。这在旧工业厂房改造中具有重要意义。

通过建筑平面设计和空间的改造，最大程度地利用自然光，使其替代白天的照明光源，往往需要对开窗面积、尺寸和形状进行合理设计。此外，在大进深的建筑中，可设置高窗或天窗；为了增强室内光线的反射，可采用浅色调的墙面、地面和顶棚，让房间更加明亮。在旧工业厂房改造中常用的方法有如下几种。

1）增大采光口面积

一般情况下，这种方法适用于体量较小的旧工业建筑内部提高自然采光。改造时，根据功能形态和使用要求，设计合适的采光类型和面积尺寸。在附加侧面玻璃墙和设置天窗时，应注意开窗面积和位置，使用高反射率的玻璃材料，防止室内热辐射过度和眩光。而对于大体量旧工业建筑，需加设天窗或高窗，但此举容易造成窗墙比和外立面造型不协调的问题。

2）反光板采光

其原理是通过反射光线，控制室内阳光照度，高效利用自然采光。为防止反光板表面发生眩光，可通过调整反射角度或遮阳的方法。反光板是不透明或半透明的，其材质主要是金属、木材、塑料、织物、玻璃等。其中，铝质材料反射系数高，易清洁和维护，经济、环保，当反光板设置在室外时经常使用。

3）光导管采光

太阳能光导管可分为主动式和被动式两种。前者的聚光器可随太阳照射角而调整，尽可能多地采集太阳光，但工艺要求高，成本和维护费用都很高，不适用于旧厂房改造。后者在建筑改造中应用较多，常用的被动式光导管由三部分组成，即采光部分（聚光罩、集光器），导光部分（光导管）和散光部分（散光片、漫射器）。其原理是采光罩尽量多地采集太阳光，太阳光线穿过光导管镀有纯银材料的、具有高反射率的表面，通过镜面反射或全反射，传播和强化太阳光线，最后通过室内漫反射装置，使光线均匀地照射在室内。

（2）人工照明

现代建筑的总能耗中，有 10%～20% 来自照明系统。所以在旧工业厂房改造中，提高照明系统的效率非常重要。目前，普遍使用的白炽灯和荧光灯，发光效率很低，约为 10%～30%，相比之下节能灯能达到 75% 左右。可见建筑照明的节能性有待提高。对于人工照明系统，可通过更换绿色光源和设计照明控制系统来完成节能改造。绿色照明需要在满足室内照明质量和人的视觉效果的条件下，来实现经济节能的目标。因此，应根据不同的环境和不同的功能需求，选择适当的光源和照明方法，提高照明的效率，同时也要注重人们对建筑空间的视觉和心理感受。

1）选用高效节能光源

节能灯：与白炽灯相比，节能灯的照明效率要高得多，且同样照度下，消耗的电能也更少。白炽灯通过钨丝加热发光，90% 的电能都转化成了热能；而节能荧光灯发出一样强度的光，仅消耗 20% 的电能，且使用时间更持久。目前，最适宜取代白炽灯的是紧凑型节能灯，这种光源内部使用的是稀土三基色荧光粉，发出的光线更自然、更真实，光色可调，从暖到冷，满足不同需求。

电磁感应灯：其发光原理不同于传统灯具，由高频发生器、功率耦合线圈、无极荧光灯管组合而成，可节约大量电能，且使用寿命长达 10 年以上。电磁感应灯因其高效节能、寿命长、高显色、光线均匀的优点，成为理想的绿色光源。

LED 光源：半导体照明作为 21 世纪最前沿的照明方式之一，是新一代的绿色光源，可替代传统低效的灯具，如白炽灯、荧光灯等。其中，白光 LED 可用于建筑照明，有以下优点：一是不用电子镇流器，高效节能；二是不使用重金属，绿色环保；三是寿命长、安全、易维护。将 LED 普遍用于通用照明已成为绿色节能照明的趋势。

2）照明控制系统

在建筑照明中，控制系统可根据室内明亮程度和使用情况做出适当的调节。当房间中自然采光充足或不需要照明时，系统会根据房间内是否需要照明和照明程度，适当调节或关闭相应的照明系统。

夜晚，若建筑物内无人，可关闭照明系统，以节约能源。这就需要照明控制系统对各功能的房间做相应的照明调整。智能照明控制能根据室内自然光和照度情况，完成全自动调节，以达到舒适的光环境。同时，还能实现节能、延长照明灯具寿命，适用于旧工业厂房的照明系统更新。

3. 太阳能资源利用

我国有着丰富的太阳能资源，近年来，太阳能产业也取得了迅猛发展。在 2007 年，我国的太阳能产业发展规模就已经位居世界第一。作为全世界太阳能热水器生产和使用量最大的国家，我国太阳能的应用面积约占全球的 70%，且每年还在高速、持续地增长。因此，在我国的旧工业厂房改造中，太阳能技术的应用已成为一种绿色节能趋势。

利用太阳能的方式主要有主动式和被动式。其中，被动式是通过自然的方式获取太阳能，施工简单、造价低廉，包括自然采光、被动式太阳能光导管和被动式太阳能房等。主动式主要是通过太阳能集热器来收集、贮存能量，并运用到室内采暖、建筑的热水系统和太阳能空调系统。太阳能集热器主要分为平板型和真空管集热器两大类，可根据不同的功能需求，组成不同系统，如：太阳能采暖系统、太阳能空调系统、太阳能热水系统、太阳能光伏系统。在节能改造中，合理地利用太阳能，主要通过热能、电能和光能三种形式来实现。太阳能设施，可部分取代建筑的外围护结构，如太阳能光伏玻璃墙、光热屋顶等。但在改造时，应考虑是否要保证建筑风格的统一，以安排太阳能装置的安装位置和数量。

6.4 生态环境绿色再生利用的形式

6.4.1 景观环境营造

景观环境由自然景观环境和人工景观环境组成，具有使用功能、审美功能、精神功能、安全防护功能以及其他功能。景观设计过程中不仅要考虑绿地面积和生态性，也要全面调研周边旧工业建筑的体量和尺度，调研使用人群在场地内的行为特征和心理需求。同时，可将旧工业厂区中景观的塑造过程视为一种时空连续的特殊形态，其目的是为了满足城市中旧工业建筑场地优化和使用人群的各种需求。关于旧工业建筑外部环境，主要从地形、植被、水文、铺装和构筑物五个景观要素进行阐释，基于特定的场地条件和现代设计语言进行系统性的工业景观环境设计。

（1）地形

旧工业建筑因生产工艺阶段和产品加工的特殊形式，其外部环境地形呈现各种各样的形态，在景观环境设计中不仅可作为一个美学要素，也是一个实用要素。地形作为景观设计的基础，其形式的变化和起伏高度能够影响场地的空间构成和精神感受。所以，旧工业建筑外部环境设计需从功能需求、美学需求和安全需求三个方面出发，根据平缓或起伏的特定地形条件进行空间构成设计，如自然式景观、规整式景观和混合式景观，将旧工业建筑周边环境建造为一个特定的"场所"，给人以轻松愉悦的空间感受。

（2）植被

植被是景观的重要构成要素之一。生态修复时可采用乡土植物净化土壤和水体，此外，植被还具有空间装饰和空间构成两个方面的作用。空间装饰方面，植被分为灌木、乔木、草地植被等类型，利用其特有的生长形式在工业建筑外部环境进行空间装饰，形成一季一景的空间感受。图 6.19 所示为德国鲁尔工业区植被景观。空间构成方面，景观设计中并非全部采用实体砖墙和钢架结构进行围合空间设计，而是根据植被的大小和高低，塑造空间形式，使其空间性质区别于传统的墙体空间，达到一定的形式美感和精神氛围，形成独特的工业景观空间。

图 6.19　德国鲁尔工业区植被景观

（3）水文

水体是景观设计的特色节点，也是受场地条件限制最多的要素。根据场地地形特点和区域内气候条件，对旧工业建筑外部环境中水体进行塑造，能够使景观设计展现独特的魅力。水体在景观空间中具有联系和引导的作用，人们往往会跟随水体流向行走，最终行至目的地。同时，通过一条或多条水体将场地中多个景观节点连为一体，可使旧工业建筑外部空间关系显得稳定、有序。根据工业建筑设施的体量和承受程度，通过现代技术手段将其改造为蓄水设施，可满足人们亲水和观赏的需求；依托旧工业建筑外部环境现有地形进行水景设计，可增强景观的结构性和界面分割性。

（4）铺装

铺装是为了增加地面的牢固性和耐磨性而增设的特殊材料，目的是满足人们的休闲娱乐和快速穿行的生活需求。旧工业建筑外部环境中铺装的材料、构成形式和色彩变化能给人不同的心理感受。采用与工业建筑相关的材料进行铺装设计，如原始建筑材料、废旧的钢板等，对于提高整体景观品质，丰富景观空间界面形式起到了非常重要的作用。

（5）构筑物

以机械设施和生产器械作为景观构筑物是景观中较为创新的方法。景观构筑物主要包括休闲座椅、标识牌、景观小品等形式（图6.20），在旧工业建筑改造中常采用容易开发和改造的机械设备进行构筑物的设计。将机械零件以现代设计的手法进行重组和嫁接，塑造为不同审美感受的景观构筑物，有利于增强人们的工业文化场所认同感和机械设备的归属感。

图 6.20　旧工业改造区随处可见的景观小品

总之，通过工业景观绿地的开发与规划，可更新和设计旧工业建筑与城市的交界处，与现代社会生活空间完美结合，避免空间生硬性的存在。同时，将建筑物与构筑物、景观连为一体，有助于达到区域环境稳定的平衡状态。

6.4.2　绿色发展理念推广

在大力推广可持续发展理念的背景下，随着产业结构的优化调整，我国旧工业建筑的再生利用势必要响应可持续发展的要求，因此绿色改造成为必要。

1. 全球能源危机及资源短缺背景下对建筑节能的要求

能源危机与资源短缺已经成为当今世界所面临的主要问题之一。我国建筑能耗常年居高不下，且自 1960 年以来一直呈上升趋势。我国自 2016 年展开专项建筑能耗研究，分析得出，2014—2017 年建筑能耗持续缓慢增长，2018 年降至 5.2 亿 tce，仅占全国能耗总量的 11%。建筑能耗占能耗总量比重如图 6.21 所示；公共建筑与城镇居住建筑的能耗量明显高于农村建筑,如图 6.22 所示。

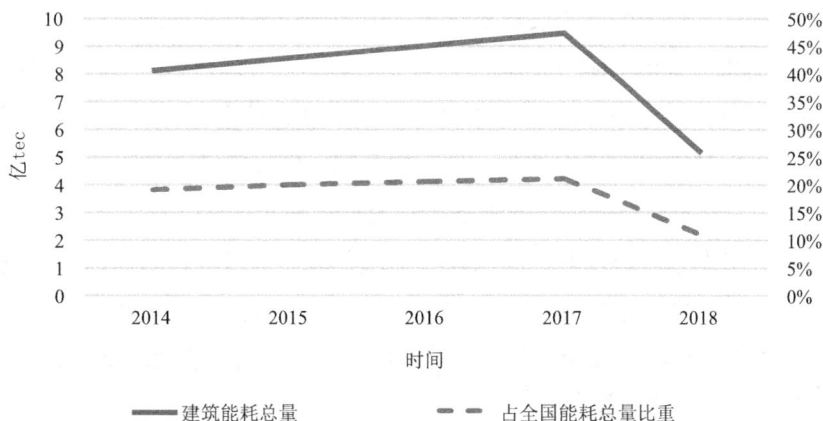

图 6.21 建筑能耗总量及占全国能耗总量比重

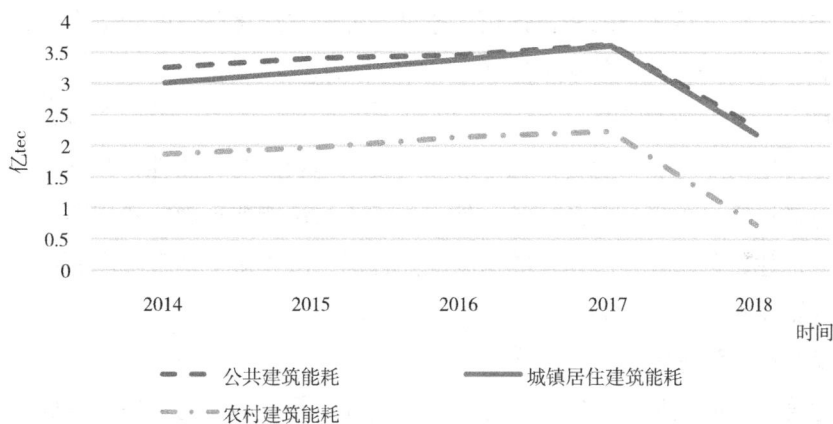

图 6.22 各建筑类型能耗

2. 环境污染背景下对建筑改善环境效果的要求

目前,我国环境所面临的问题日益突出,雾霾、沙尘暴、水污染等灾害层出不穷。日本相关学者研究表明,在环境总体污染中,与建筑业有关的环境污染总量达到了惊人的 34%。绿色建筑能够有效地降低建筑对土地、水、空气的负荷,提高建筑的绿地率也可以对环境产生积极的作用。

3. 经济发展带来的对室内环境舒适度的要求

根据住房和城乡建设部发布的《2014 年度绿色建筑评价标识统计报告》,绿色建筑评价标识的项目数量与当地的 GDP 呈高度线性关系。说明随着 GDP 的提高,人们对于绿色建筑的认知程度与接受程度越来越高,获得绿色建筑评价标识的建筑数量也随之增多。从建筑发展的角度来看,人类建筑已经经历了遮风挡雨阶段与传统建筑阶段,随着全球可持续化发展策略的推进，随着经济能力、生活层次的不断提升，绿色建筑将是建筑发展的必然方向。

旧工业建筑再生利用中，不仅要对环境、围护结构进行改造，还应结合建筑本身的特征，适当地增加能源的利用技术。通过对自然环境的充分利用，进一步地实现节能减排。能源技术的利用包括两方面，一是充分利用自然因素实现建筑的节能；二是可将新技术在旧工业建筑再生利用中的应用作为一种新的尝试，借以推动新技术的发展。在旧工业建筑再生利用中，对于能源的利用通常是指对太阳能与风能的利用。

绿色再生利用理念就是针对不同气候和地域环境，采用适宜的绿色节能技术对建筑进行再生利用设计，强调建筑外部与周边环境相融合，做到和谐一致、动静互补，最终达到营造良好的生态环境、减少资源能源的利用、提升室内舒适度的目的。

（1）营造良好的生态环境

绿色再生利用的理念强调建筑外部与自然环境相融合，彼此相互映衬、相互作用，在对自然环境保护的同时间接改善室内环境。在改造时，应尽量减少对原有生态环境的破坏，促进建筑对自然环境的积极作用。通过室外生态绿化环境的营造来改善人体舒适度及户外活动条件，达到建筑与自然和谐共生的目的。

（2）减少资源能源的利用

在进行再生利用时要考虑资源的合理利用及循环利用的可能性，在选择新材料及能源时应尽可能选择可再生材料及能源。外围护结构的性能严重影响建筑能耗，对其进行局部替换或加建，可有效提高建筑的保温隔热性能，减少对空调采暖和制冷的使用，从而减少建筑能源的利用。

（3）提升室内舒适度

绿色建筑的目的就是要营造一个温度湿度适宜、空气清新的环境。良好的室内环境需要充分利用自然资源，因此自然采光及自然通风成为绿色室内环境不可或缺的一部分。旧工业建筑再生利用的过程中，应结合室内空间，改善其内部的空间品质，使采光、隔声及通风达到现行《绿色建筑评价标准》GB/T 50378 的要求。

6.4.3 资源可持续利用

绿色建筑就是强调可再生资源和能源的高效利用，并且将建筑与整个生态环境融合在一起，形成一个小循环系统。利用可再生能源是非常有效的减少建筑整体能耗的方法。

在我国旧工业地区，太阳能、水资源等各种可再生能源都相对比较丰富，技术也都相对成熟，且利用比较广泛。目前，这几种能源都开始应用于建筑中。我们应该充分利用这些可再生资源能源，减少不可再生能源的消耗，真正地走可持续发展的道路。同时，对于可再生能源的利用一定要因地制宜，不能盲目使用，应根据所处的环境进行推算和模拟。对于建筑内部的自然资源，如水资源，应尽可能地做到循环利用，如通过雨水收集装置和中水处理系统对水资源进行收集，实现水资源的二次利用，避免造成浪费。图 6.23 所示为某工业园区通过屋顶雨水回收，二次利用形成园区内湖区景观。

图 6.23　屋顶雨水回收

相比拆除重建，对旧工业建筑进行再生利用，可以有效减少建设资源的投入，并对生态环境保护做出贡献。一方面，旧工业建筑在拆除的过程中会产生大量的建筑垃圾，如果这些建筑垃圾不能再次被利用起来，将给环境造成很大的破坏。环境对垃圾的分解需要一个过程，大量的建筑垃圾会给环境分解这些物质带来一定的压力。另一方面，重新建设需要一个过程，建造及运输过程中均会产生一定的垃圾，这些垃圾会给城市的生态环境、资源供给形成巨大的影响。目前国内对于建筑垃圾的回收处理技术还比较有限，不能高效地处理这些垃圾。

第7章 社会稳定和谐机理解析

7.1 社会稳定和谐机理解析内涵

7.1.1 社会稳定和谐机理框架

社会一般指人与人形成关系的总和,是生产、教育、娱乐消费等活动的总和。对于旧工业建筑,首先,可以为社会做出物质上的贡献,即旧工业建筑是承载各类活动的物质主体;其次,可以为社会或他人带来精神上的财富,即旧工业建筑承载着一个国家或城市工业企业的发展史。

在研究同时期社会背景下人们的价值观以及生产生活方式的基础上,结合旧工业建筑所具有的精神和物质财富,研究旧工业建筑再生利用对社会稳定和谐的积极影响具有重要的意义。通过建立一个既能满足物质需求,又能满足精神需求的新项目,继续为人类创造物质财富和积极的精神追求。社会稳定和谐机理的构成框架如图 7.1 所示。

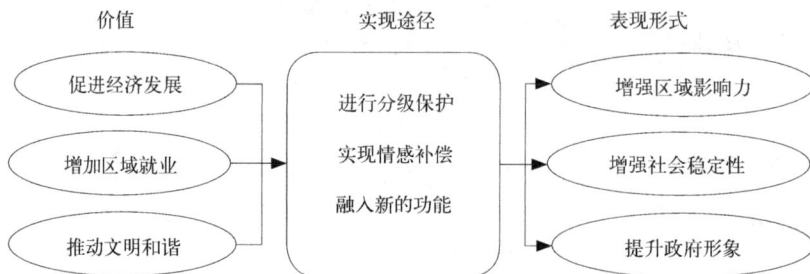

图 7.1 社会稳定和谐机理框架

7.1.2 社会稳定和谐构成要素

废弃的旧工业建筑充斥于城市之中,如对其进行再生利用,可有效解决城市风貌、空间规划与土地利用等问题。一方面,旧工业建筑再生利用为社会提供相应的本体功能,如在空间方面,建造康养设施、廉租房、儿童公园等;在城市形象方面,体现工业特色,将其打造为城市名片。另一方面,通过旧工业建筑再生利用,能够避免拆迁污染、资源浪费、过度开发等问题,也为国内新兴产业(如文化创意产业、旅游产业等)提供办公场地和旅游基地,增强社会活力,带动经济,符合当地居民和外来游客的需求。

此外，旧工业建筑再生利用也能够为老城区保护更新提供一定的研究思路和实践方法。

《下塔吉尔宪章》和《无锡建议》中所阐述的工业遗产社会价值主要是记载人们生产和生活需要的一种载体，可以带来认同感和归属感。在旧工业建筑再生利用中，主要是评价建筑能否为社会或他人做出精神或物质上的贡献，并有助于其认同感和归属感的形成。因此，旧工业建筑再生利用对社会和个人发展具有无形和有形的贡献，促进社会稳定和谐的四大关键要素主要是社会贡献、公众参与、城市发展和园区繁荣。

1. 社会贡献

社会贡献主要指旧工业建筑再生利用对周边区域居民就业、生活条件、生活质量以及国民经济的提升程度。

（1）区域居民就业情况

旧工业建筑再生利用项目的实施和运营对当地居民就业的影响，主要体现在就业结构和就业机会两方面。一般旧工业建筑再生利用属于第三产业，可以增加区域第三产业从业人员的数量，有利于改善就业结构，同时可增加新的就业岗位和就业机会，有效缓解区域周边居民的就业问题，有利于维护社会稳定。

（2）区域居民生活条件及生活质量

通过旧工业建筑再生利用项目的实施，在改善就业情况的同时，能够提高当地居民收入水平，进而有利于改善当地居民的居住环境、提升消费水平、延长人均寿命等。

（3）国民经济状况

旧工业建筑再生利用项目一般会有大量资金注入，这必然会推动区域经济的发展。20 世纪 30 年代，经济学家凯恩斯认为投资是促进经济增长的主要因素之一，同时在一定消费倾向下，国民经济中新增加的投资可使收入成倍增加。在旧工业建筑再生利用过程中，由于原材料的消耗，新技术、新能源的应用等一系列活动都需要资金的支持，因此，有助于促进区域内建筑业、原材料供应、新技术和新能源研发等相关行业的发展并产生显著的经济拉动作用。

2. 公众参与

公众参与是建设和管理社区的基础，也是实现旧工业建筑再生利用社会价值的基础。旧工业建筑再生利用中，公众参与是提高居民对社区认同感和促进居民和谐相处的重要手段。公众在参与过程中重温营造环境的能力，体验着共同工作的乐趣，为改善大家共同的美好生活而努力。

任何活动都是以人为中心开展的，旧工业建筑再生利用也不例外。伴随着城市的快节奏状态，由旧工业建筑改造而成的新型空间成为城市居民生活和休闲娱乐的重要去处之一。因此，旧工业建筑再生利用应结合环境心理学的内容和方法，设计以"人"为行为主体的空间利用类型，满足周边人群休闲、娱乐等活动需求；同时，进行无障碍设计和人性化设计，满足社会特殊群体生理和心理方面的需求。

3. 城市发展

城市发展主要指区域基础设施建设情况、区域及城市相关文化发展状况，以及区域产业结构优化情况。

（1）区域基础设施建设情况

通过长期实践，旧工业建筑再生利用的功能置换形式越来越多样化，包括博物馆、创意园、旅游场所等。这些项目的实施和运营不仅有利于改善当地居民的教育质量及卫生健康状况，而且可以带动周边基础设施的改善，进一步促进城市更新与发展。

（2）区域及城市相关文化发展状况

旧工业建筑是城市空间发展中不可或缺的重要组成部分，承载了我国工业文明发展的历史轨迹，也代表了一个城市或区域的文化软实力。通过旧工业建筑再生利用，可以实现独特历史文化与现代城市空间的重新融合，促进区域及城市相关文化发展，使城市文脉得以延续。

（3）区域产业结构优化情况

产业结构是衡量区域经济发展的重要内容，一般是指生产要素在各产业部门间的构成比例及相互之间的依存和制约关系，产业结构配置的合理性直接体现了地区经济发展的水平。旧工业建筑再生利用后，实现了工业建筑向民用建筑的转变，其用途由第二产业功能转变为第三产业功能，这些均有利于城市产业结构的调整升级。

4. 园区繁荣

园区文化氛围的营造和创意环境的丰富，更多的是从管理角度来考虑，诸如制订各种优惠政策、遴选创意企业、营造自由创新环境氛围等，目的是为企业和个人提供一个良好的创作环境，使企业和个人的才能得到最大程度的发挥。但从建筑师的角度出发，对于园区软实力的营造，需考虑的是如何延续园区既有工业文明的场所精神，以使旧工业建筑再生利用而成的创意产业园能产生独特的、不同于新建创意产业园的魅力，从而吸引更多的创意人才的入驻和消费者的光临。园区繁荣主要由场所环境和场所文脉体现，如图 7.2 所示。

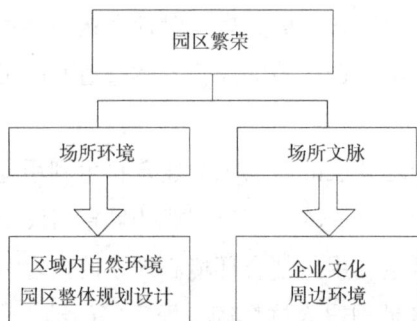

图 7.2　园区繁荣的体现形式

（1）场所环境

区域内的自然环境和园区整体规划设计是影响园区场所环境质量的重要因素。区域内的自然环境不仅影响园区空间布局，而且对空间范围内活动设施的选择也有一定的影响；园区整体规划设计，包括场地规划设计、建（构）筑物设计、室内设计等，都对空间环境起到塑造作用。

（2）场所文脉

场所文脉是园区的精髓。每个园区都有自己的发展定位和企业文化，其内涵有助于强化场所认同感和归属感。园区的外部环境与区域内的建设发展紧密相关，因此，应根据园区周边环境的特点、民俗文化等因素，制订相互促进的措施和政策，从而促进园区的繁荣发展。

7.2　社会稳定和谐价值

7.2.1　促进经济发展

旧工业建筑再生利用对经济发展具有促进和推动作用，不仅因为它是一种新兴产业类型，更重要的是创意产业作为生产要素，已成为推动经济增长的重要途径。进入知识经济时代后，创意产业的快速发展已经成为发达国家和地区产业发展的一个显著趋势，通过各种政策措施积极推动创意产业的发展，以达到国家或城市综合竞争力进一步提升的目的。

旧城改造与经济建设并不相悖，根据旧城的特征和原有资源，政府可以为旧城产业发展创造条件，吸引社会资金投入到旧城建筑改造工作中，同时发展旅游服务和文化创意等适合旧城特点的产业，将各种资源转变为经营资源，从而带动整个旧城的经济增长，并为城市发展引入建设资金。传统的制造业对土地和资源有巨大的需求，随着城市不断发展，土地资源越来越短缺，当城市发展到一定程度时就会受到限制。而创意产业是一种知识密集型产业，它不造成污染，消耗很少的物质能源，但又能取得很大的效益。

旧城改造与经济发展的典范是纽约苏荷区（SOHO）。1973 年，苏荷区被纽约市文物管理部门宣布为重点文物保护单位，这是纽约市第一个属于商业区的古建筑保护区，这项决定促进了该区商业的繁荣（图 7.3）。艺术家是最宝贵的资源，苏荷区每一条街都有数家大大小小的画廊，欢迎人们免费参观，在带动人流的同时也促进了生意的兴隆，进一步提高了居民的收入。哥伦比亚大学建筑和城市规划学院做了一项调查，发现苏荷区有 76% 的居民从事艺术或者受雇于与艺术有关的行业，该区家庭平均年收入（约为65169 美元）远远高于美国家庭的平均年收入（约为 25000 美元）。由此可见，创意产业的迅速发展引发了相应租赁空间的巨大需求，原有传统工业的旧仓库和旧厂房将继续成为投资者热情关注的开发目标。这样一来，不仅盘活了已经失去生命力的旧工业建筑，还可提供工人的安置资金，政府也获得了一定的财政收入。

图 7.3　纽约 SOHO 街头

7.2.2　增加区域就业

旧工业建筑再生利用在城市创造就业机会方面的显著作用，已经在一些发达国家和地区的实践中被很好地证明。目前，我国大中专毕业生的就业形势逐渐严峻，而旧工业建筑再生利用项目能够产生强大的吸纳就业能力，可为这部分人员提供广泛的就业机会。北京宋庄艺术村再生利用项目给当地居民的生活带来了很大的变化：一方面，原旧城居民可以将他们空闲的民房出租给艺术家作为居住场所或者创作场所，增加额外的收入；另一方面，农村的剩余劳动力不再待业在家，他们也参与到了为创意产业园服务的行列之中。创意产业的规模化经营需要大量的非创作型服务人员，如艺术展卖票及检票工作人员、卫生清洁工、展厅保安等，这些工作恰恰为当地居民提供了就业机会。

7.2.3　推动文明和谐

旧工业建筑再生利用是城市规划的一个缩影，它可以让一个城市变得更加美丽，而且对城市的布局及产业结构的调整有着重大意义。旧工业建筑在告别昔日的辉煌与灿烂之后面临着改造与更新，根据城市的发展要求，通过因地制宜的布局，使其满足当代发展的需要，对城市的整体发展具有重要的经济、生态和文化意义。旧工业建筑再生利用的加快，将打造全国老工业城市产业转型、创新引领、绿色发展的典范，加快建成城乡统筹发展幸福区，让地区人民物质更加富裕、精神更加富有、生活更加幸福，为社会发展注入新动力，增添新活力。

德国鲁尔工业区的成功再生利用使其在世界上久负盛名。通过发展旅游业，鲁尔工业区从一个工业基地发展为多产业结合的旅游胜地。经济结构的调整带动了当地经济的再次繁荣，旅游业为发展区域经济、促进社会和谐、改善生态环境以及塑造鲁尔工业区良好的形象做出了重要贡献。旅游业的发展一方面改善了当地的自然环境，促进产业与环境的融合；另一方面改善了社会环境，提供了更多的就业机会，并在产业结构调整过程中给予人文环境充分的保护，促进社会整体的和谐程度，保护了新兴文化产业。

7.3　社会稳定和谐实现途径

7.3.1　进行分级保护

旧工业建筑是人类社会文化遗产重要组成部分，是人类创造出来且需要长期保存与广泛交流的文明结晶。通过进一步强化对旧工业建筑的保护，发掘文化底蕴，搜集物质演化的历史脉络，有助于认识工业活动脉络，对人们研究工业活动的起源与发展大有裨益。

旧工业建筑成为城市中不可或缺的一部分，它所具有的历史史料价值、文化情感价值以及物质功能价值极大地丰富了工业文化的内涵。第一，旧工业建筑往往具有创造性或艺术性，而工业社会中的技术设备或产品，均包含着相应的科技和人文知识，具有技术工艺及科学研究价值。旧工业建筑折射出国家、地区或某一领域的发展状况，反映了当时的技术发展水平和人们的生产能力。第二，工业布局在很大程度上关系着城市建设脉络，具有独特的内涵，使人加深对城市的了解。旧工业建筑在整体上呈现出工业社会生产与生活发生变化的情况，还可展示工业门类的变化动态，清晰揭示工业化前进的步伐，由此反映工业文明形态，成为阶段性重要标志之一。第三，旧工业建筑作为经济史特别是工业经济史的辅助性遗存物，是科技史研究的基本素材和重要资料。旧工业建筑反映出特定工业化时代信息，凝结着近代社会发展的普遍性历史价值，体现出一个民族和地区的文化特征和创造精神，其特殊形象成为众多地区文化识别的鲜明标志。

旧工业建筑作为文化遗产的一部分，按照我国历史文物保护的层次与级别，根据其价值大小和重要程度不同，分为国家级、省级、市县级三个级别来保护，由此形成梯队状的保护传承与再生利用相结合的规划与管理体系，见表7.1。

旧工业建筑分级保护原则　　　　　　　　　　　　　　　　表 7.1

分级		原则
国家级文物保护单位	功能转化	重在保护其功能及景观完整性，严格保护旧工业建筑及其周边历史风貌，不应进行商业性房地产开发
	保护与再生利用关系	保护占绝对比重，再生利用比重小，价值因子的承载体的原样保存应始终得到优先考虑
	原真性	再生利用程度不得影响价值因子的承载体以及旧工业建筑功能的原真性

续表

分级	原则	
省级文物保护单位	功能转化	在严格保护建筑外观、结构及其场所主要景观特征的前提下，对其功能可做适应性改变，但必须与遗产价值相适应，且不应进行商业性房地产开发
	保护与再生利用关系	保护程度相对上一级降低，保护占较大比重，可适度再生利用，保护与再生利用有机结合
	原真性	利用的空间以及新用途必须与原有场所精神兼容
市县级文化保护单位	功能转化	在保护好建筑外观和场所主要特征的前提下进行改造性再生利用，增加现代化设施，赋予新的功能，与周边城市环境及功能互动发展
	保护与再生利用关系	保护程度相对上一级降低，保护建筑外观和场所的主要特征，保护方法灵活多样，充分再生利用
	原真性	再生利用要突出历史文化价值，注重保留历史痕迹；建材尽可能从原有场地采取，挖掘原有场所再生利用潜力

7.3.2　实现情感补偿

旧工业建筑情感特性与其他民用建筑、公共建筑的情感特性有所不同，旧工业建筑的情感来源于三类人群。第一类是在原有工业厂区生产生活的大量产业工人，第二类是使用功能更新后新入驻的使用者，第三类主要是面向城市公共空间职能属性，来此进行休闲、游憩、参观的广大市民群众。情感补偿的目的在于面向社会群体，迎合受众者的心理需求，起到延续城市文脉的作用。通过情感补偿的引入使原始生产者与新使用者之间构建彼此的对接关系，并通过工业元素的重组，在城市过往记忆与现今城市更新之间搭建中转的桥梁。因此，情感补偿也是旧工业建筑实现社会价值的重要手段。具体操作过程中，可借助文字、符号、材料及艺术形态等多种内容进行呈现，并在开发模式的选择上以公共开放空间的改造方向为主导。城市公共空间的开放模式可为情感补偿的引入提供更多的平台与方式，补偿的措施也更为多样，整体补偿措施可以归纳为三种：一是将特有符号进行保留与凸显；二是巧妙地植入软性材质；三是对特有元素进行艺术性地再造与重组。

1. 特有符号保留与凸显

旧工业建筑中由于生产对象、建造年代、所承载的历史信息各不相同，呈现出不同类型的特有工业符号，这些符号往往成为旧工业建筑中具有标志性的元素，也是不同层面的人群的共同关注点。对于这些元素的巧妙利用将成为旧工业建筑再生利用过程中情感补偿的重要手段。例如，由唐山原启新水泥厂改造成的1889创意园，如图7.4所示，通过将最具有历史沉淀感的水泥制造与输送管道保留下来，将原有封闭的管道以一种裸露的形态凸显在整个园区当中，成为整个园区中最具有分量的物质实体再现。这种实体内在承载着情感因素。如果将其拆除或是像原有厂区一样封闭、保留，则很难召唤起人们内心的情感因素，也很难成为人们共同的关注点。

图 7.4　唐山原启新水泥厂改造成 1889 创意园

同样，由重庆原红光电子管厂改造成的东郊记忆音乐公园中，将原有的东方红号机车作为主要的工业元素保留在园区的核心位置，起到了凸显工业元素符号的作用。火车机车在改造后园区中所引起的关注度远远高于其他原有工业构件，成为很多游人拍照留念的对象。但是，大型水泥管道和火车机车这样具有大体量的元素构件并不是每个旧工业建筑都具备的。因此，一些小型的、具有生产代表性的元素构件也应得到关注。比如，沈阳铁西 1905 创意园区（图 7.5）中保留下来的大型螺钉、加工机械设备以及用最后一炉钢水铸造的"铁西"二字的纪念性标示，这些符合不同历史时期和特殊记忆的情感符号都应在设计中灵活运用。

（a）景观小品

（b）标识

（c）造型

（d）街景

图 7.5　沈阳铁西 1905 创意园区

2. 软性材质植入

旧工业建筑高大开敞的空间主要是为了满足机器加工使用和制造流程的需求，它所构建的空间形态也是以机器设备为主体，而操作者的使用感受和心理感受处于从属地位。当旧工业建筑经再生利用转化为其他用途时，特别是面向创意产业和办公环境的改造时，一些常规的工业元素，如原有高大的跨度空间、粗犷的金属结构以及粗糙的砖石肌理表面，它们所塑造的空间形态容易使后期的使用者产生冰冷感和距离感。设计师通过植入一些软性材质和采用软性的处理手法，可以激发使用者的情感因素，增强使用者的亲近感、舒适感、安全感、归属感和控制感。所谓的软性材质主要指相比传统的工业材料更具亲和力的木质、玻璃、纺织品、布艺、皮革及花卉植物等元素，而软性的处理手法多指通过曲线界面、弧形顶棚、材料镶嵌及地形起伏等小型空间界面的处理来改变或丰富单调的室内和景观形态，这些都可使人与所属的空间建立更好的和谐共存的关系。

例如，上海 8 号桥创意园区（图 7.6），设计师将处于核心部位的一个仓库进行空间的切割，使原有框架裸露出来，再将原有框架用防腐木条进行不规则地围合，并将建筑立面设计为错落有致的木质百叶，打破了建筑原有高挑的空间特点。防腐木条的围合空间所形成的小尺度元素的空间排列，巧妙地与原有厂房的大跨度形成对比，弱化了旧工业建筑的空间特点，使其在材料运用的细节上更贴合创意产业办公的需求。同时，在高挑的钢柱内部也镶嵌了防腐木，并将其分割成类似竹节状的形态。除此之外，在原有厂房切割后的灰空间内嵌入不同形态的植物。这些巧妙的植入在很大程度上改变了原有空间死板单一的结构形态，使其在细节处理上与人的情感需求和使用尺度更为贴合。

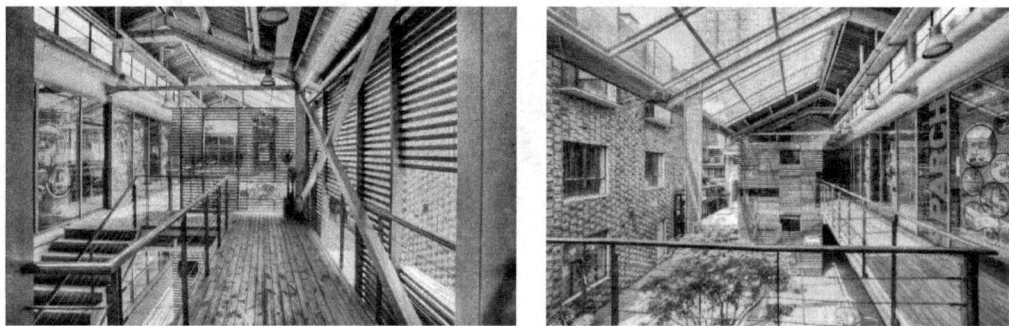

图 7.6 上海 8 号桥创意园区

此外，一些游戏空间、趣味空间的处理，被巧妙地利用在旧工业建筑的景观空间中，丰富了原有笔直、开敞的园区路径。例如，深圳华侨城二期工业景观（图 7.7），设计师巧妙地用折线坡地的处理手法将原有的地面错落抬高，使过去以服务大型交通运输为主的园区干道划分为更适合办公步行的宜人尺度。材料选择防腐木和细小的条石；景观边界采用钢板进行收边处理。这些软性的、柔化的、人性化的处理手法，在不能大范围调整建筑立面时，不失为一种优先策略。

图 7.7　深圳华侨城工业景观

无论是软性材质的使用还是软性的处理手法，都是为了更好地激发使用者内心的情感因素，使其能够在融洽的环境尺度中，因为舒适的物质材料环境而产生归属感和安全感。

3. 特有元素重组

艺术性的处理手法具有最广泛的社会认知性，如将废弃的工业设施、构件以艺术化重组的方式进行重塑，赋予原本机械化的工业元素更多的趣味性，唤起使用者的互动与情感的共鸣。而在再生利用过程中，艺术家理念的植入则成为情感补偿的关键。正是由于艺术家丰富的想象与创新，才使工业元素的表达更贴近于生活，也更有利于使用者情感的发生与交融。

在旧工业建筑再生利用中，艺术性处理手法的关注点往往在于标识系统设计。原有的旧工业建筑及厂区的导向系统多以产业功能的特点来呈现，例如标识多为"仓库区""加工区""一车间"等，但使用功能更新后，标识系统的设计就成为连接原有功能与现有功能的潜在纽带。一些标识、标牌巧妙地利用原有的工业生产材料，对材料特性加以艺术提炼，效果很好。例如，北京 798 艺术区内，利用锈板作为标识的基础材料，提取仓库外轮廓的折线形态作为园区新标识系统的元素；广州太古仓码头（图 7.8）巧妙地应用了与建筑外立面红砖相似的材料，以一种雕塑的形态对标识导向进行处理，使标识不仅很好地彰显出旧工业建筑的内涵，同时又具有一定的时代特点，满足新使用功能的要求。

图 7.8　广州太古仓码头的标识

　　巧妙地运用色彩，丰富建筑立面的颜色并与原有的建筑材料颜色形成一定的色彩对比，也是设计师或艺术家常用的创作手段。如在建筑立面中使用鲜艳的红色、黄色或金属色，与原有沧桑的富有历史感的建筑立面形成对比。南京的创意东8区二期改造中，由于原有建筑的灰砖墙与建筑加固的钢结构属于同一色系，为了在不破坏建筑整体形态的前提下满足现代创意办公的需求，设计师运用了鲜艳的红色标识来突出新园区的功能定位和标识系统。点缀的红色与大面积的灰色在色彩上形成对比，在视觉上形成反差，用最小的代价起到了突出标识的作用。我国台湾的台中文创园区酒文化馆（图7.9）则艺术化地利用酒桶的形状，在园区内设计了充满趣味的雕塑和公共设施，使人游走在园区当中时不知不觉感受到原有生产功能的痕迹。这些艺术性改造处理手法成为旧工业建筑再生利用中用美学和创意的方式进行情感补偿的切入点，使更多的旧工业建筑摆脱原有生产至上、理性至上的束缚，获得了情感升华。

图 7.9　台中文创园区酒文化馆的酒桶变身

　　对于旧工业建筑的情感补偿，不应单纯地停留在技术的手段，而应更多地关注对使用者情感潜意识的挖掘。利用多样化的手段，在旧工业建筑与新老使用者之间，在原有单一使用者与社会多层面参与者之间寻求到契合点，因为情感的表达很多时候来源于一种莫名的感受，这种感受又表达出人对物质载体的潜在情感。在再生利用设计前期，可以通过民意调查、走访问卷的形式，充分了解使用者和广大市民的意愿和关注点，更多地集合广大公众的内心感受和情感需求。旧工业建筑再生利用的过程往往是多种情绪与情感的交融和混杂，只有通过情感补偿的设计手段，结合有效的实施方式，有意识地形成情感支撑的合力，才能更好地将旧工业建筑再生利用融入城市更新的情境中，使其具有勃勃的生机。

7.3.3　融入新的功能

旧工业建筑具有较高的社会和经济价值，其再生利用紧随社会发展和产业经济而调整。随着社会进步和产业结构变化，处于城市中心的旧工业建筑在地理上占据了极大的优势。与此同时，社会发展需要大面积建设用地和土地置换，因此，在满足社会和经济需求的基础上，利用原有废弃建筑物和场地进行产业调整，能够有效节约土地且提高土地利用率；依托旧工业建筑发展第三产业，可以促进城市产业功能转变，提高区域经济水平。

无论从城市建设的特点出发研究其发展思路，还是立足于城市建设所面临的挑战和问题，对于旧工业建筑再生利用，融入新的功能都已成为解决问题的新途径。

1. 博物馆式更新

博物馆式更新指的是保留旧工业建筑实物，对功能进行更新，如用作科普教育、科学研究等。随着"体验经济"时代的到来，表达文化艺术的方式越来越趋于多元化，人们对文化体验类的消费需求也开始不断增加，博物馆服务的对象逐渐由原来的精英阶层转向大众化。这种类型的空间设计注重场所的真实性体验，需要为人们创造一种重新走进工业区，感受工业痕迹的空间环境。

博物馆是城市文化的融合剂、催化器和记忆库。传统意义上博物馆的收藏、陈列、教育、研究等功能，已经不能满足大众的需求，有一定规模的博物馆都尽可能地增加了咖啡厅、电影院、超市、图书馆等休闲娱乐空间，使文化场所成为市民生活的一部分。如纽约现代美术馆、大都会博物馆等，都是一些多元化的艺术活动空间，包括电影欣赏、音乐表演、图书馆、餐厅、艺术创作室等各种功能。另外，大众对文化参与和体验意识的增强也促使一部分博物馆转向了专业化发展，打破了传统封闭、单一的展示模式，展品的布置也变为现场体验式展览，在展览过程中与观众产生互动效果。青岛啤酒博物馆（图 7.10）是代表性的案例，该博物馆由 1903 年建设的青岛啤酒厂厂房改造而成，它的建成不仅为人们走近青岛啤酒、了解青岛啤酒提供了一个独具魅力的"视角"，更为体验式参观开辟了先河，不仅在生产工艺流程区域展示了建筑、设备、车间环境与生产场景，还在生产流程中每一个代表性部位放置了放映设备，介绍青岛啤酒的生产流程及历史沿革。

图 7.10 青岛啤酒博物馆

2. 综合开发模式——购物与旅游相结合

旅游产业在经济产业当中属于比较生态的一类,且往往能推动一个地区的各项发展。在西方,工业遗产旅游已经被当作一项流行的文化遗产旅游。开展工业遗产旅游最早的国家是英国,早在 20 世纪 80 年代,英国以著名的铁桥峡谷为代表,开创了工业遗产旅游的先河并取得了巨大成功,最终使这里成为世界上第一个因工业而闻名的世界遗产。如今工业遗产旅游已经从英国扩散到了世界大多数发达国家。德国鲁尔区以发展旅游业为主导的服务性行业已成为其转型的重点策略之一。我国现阶段也正在积极发展工业旅游产品,这使我们看到了工业遗产所蕴含的经济与文化价值,也涌现了诸如福州的"马尾造船厂船政建筑群工业旅游线路"和重庆的"钢铁是怎样炼成的"等旅游项目,如图 7.11 和图 7.12 所示。这种新型的旅游产品的开发为我国旧工业建筑再生利用开辟了一个全新的领域。

图 7.11 马尾船政格致园

图 7.12 重庆钢铁厂

3. 城市开放空间模式——城市后工业景观公园

这一模式适用于环境污染较为严重或没有留下可利用的地上建(构)筑物的场地与区域。后工业景观公园的特征是利用非建筑元素,如土地、植被、水体等景观元素,基于强烈的生态保护或生态恢复意识创造出的新景观形态。这种模式的代表作有美国西雅图煤气厂公园（图 7.13）、德国杜伊斯堡景观公园及中山岐江公园（图 7.14）。

图 7.13　西雅图煤气厂公园

图 7.14　中山岐江公园

7.4　社会稳定和谐表现形式

作为社会发展条件下的产物，旧工业建筑再生利用不仅反映了建筑建造之时的社会现状，更对现代城市更新发展产生重要影响。金陵机器制造局作为中国民族工业先驱，对我国近代工业发展、巩固国防和社会的发展起着举足轻重的作用。随着现代工业的发展，旧厂区的主导产业逐渐转变为以创意产业功能为主。在改造后的 1865 创意产业园（图 7.15）内，旧工业建筑遗存及部分地段形成的"产业景观"作为城市特色风貌的重要组成部分，是城市社会与文化发展的印证，对于城市可持续发展和社会进步具有重要的意义和价值。

图 7.15　1865 创意产业园及其周边俯瞰图

7.4.1　增强区域影响力

过去的影响力反映的是旧工业建筑在投入生产过程中的社会影响力，其比较范围是在同行业或相同地域范围内，影响力评价标准包括是否为大型企业、是否为同行业重点企业、是否为区域范围内优势企业。现在，对于再生利用后投入使用的项目，影响力也可以理解为某一领域的社会影响力和号召力，这一因素在一定程度上决定了旧工业建筑再生利用在未来的利用价值。如北京 798 艺术区（图 7.16），如今已迅速发展为受国际关注的文化艺术区典型案例，吸引了众多外国政要和国际知名人士到访，已然成为北京的文化名片。

图 7.16　北京 798 艺术区吸引国内外游客参观

7.4.2　增强社会稳定性

旧工业建筑再生利用对社会稳定及发展的影响主要包括对居民心理稳定、居民就业以及周边环境等方面的影响。

1. 居民心理稳定的影响

旧工业建筑再生利用，会改变原有建筑的用途、形状和周围环境，以至于改变周边居民生活习惯。因此，旧工业建筑再生利用对居民心理稳定有很大影响。

（1）对居民生活条件和质量的影响

主要包括对收入的影响、住房条件的影响、基础设施条件的影响、教育和卫生条件的影响等。

（2）对项目所在区域受益者范围的影响

主要包括是否改变受益者范围和人数、受益者的受益程度如何、受益范围和受益程度是否合理等。

（3）对所在区域少数民族风俗习惯和宗教的影响

我国是由五十六个民族组成的大家庭，再生利用过程中要充分将民族地区的风俗习惯、生活方式、宗教信仰考虑在内。如若考虑不当，将引起民族矛盾或宗教纠纷，严重影响居民心理稳定，以致影响社会安定。

2. 居民就业影响

主要体现在旧工业建筑再生利用对所在区域的就业结构、就业机会以及地区收入分配的影响。就业机会和就业结构的影响有正负两方面，正面影响是指旧工业建筑再生利用增加就业机会和就业数量；与此相反，负面影响是指旧工业建筑的再生利用使得原工业企业的工人下岗、失业，项目所在地失业人数增加。

3. 周边环境的有利影响

旧工业建筑再生利用不但会增加教育基础设施、卫生基础设施等的数量，同时也能发挥其他基础设施的潜力，从而整体提高基础设施的数量和质量。再生利用在一定程度上会提升周边商业水平，使周边商业活动更加频繁，经济更加繁荣。再生利用还会增加周边道路数量，提升周边道路的利用率。

7.4.3　提升政府形象

通过注入新功能，如创意产业的引进、工业旅游的开发，有利于提升所在区域的社会及政府形象，形成城市意向区域，展示城市文化。北京 798 艺术区是成功的代表案例（图 7.17），通过艺术区让世界注意到中国首都的艺术活力与发展潜力，已成为北京乃至中国的文化名片。北京自 2003 年起，相继被《时代周刊》《新闻周刊》《财富》等国际知名媒体评选为世界城市。

(a) 外景　　　　　　　　　　　　　　　　　(b) 内景

图 7.17　北京 798 艺术区

798 艺术区的产生契机，从客观层面来看，源于改革开放十几年，原有的能耗高、污染严重、劳动密集型工业慢慢退出都市，大量厂房被闲置，这是大型国有企业发展的必然结果。从主观层面来看，国内现代艺术经过多年的发展，自身已经成熟，人才云集，开始从城市边缘进入城市中心。798 艺术区的出现不论是从艺术生态角度，还是从文化生态角度看，都标志着中国的一种进步，是政府和艺术家自身成熟和自信的表现。

第8章　文化保护传承机理解析

8.1　文化保护传承机理解析内涵

8.1.1　文化保护传承机理框架

旧工业建筑再生利用文化作为一个复合性概念，是对旧工业建筑在整个再生利用过程中所蕴含的建筑文化、工艺文化、人本文化、企业文化、创新文化和绿色文化等一系列既有的、可发掘的物质精神形态的总称。当这些精神形态凝结于旧工业建筑实体时，便孕育出由有形价值与无形价值所构成的旧工业建筑再生利用文化价值。依据"物质""行为""精神"三个内涵层次，对旧工业建筑再生利用文化进行划分，并对其文化价值的产生做了基本区分，如图8.1所示。

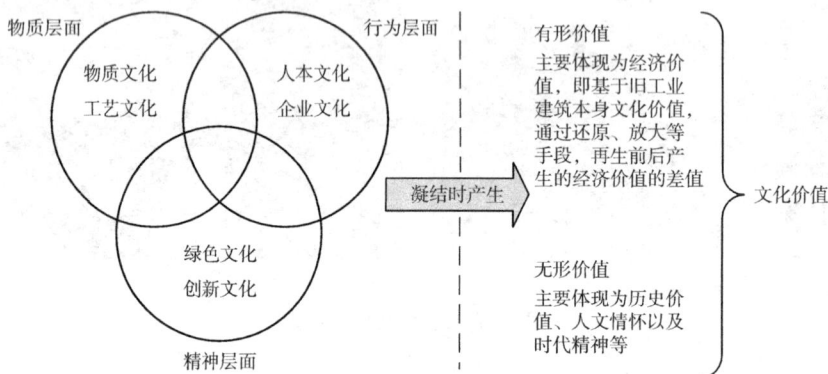

图8.1　以"文化"内涵层次分析文化价值组成

顺延文化的三个内涵层次，旧工业建筑再生利用文化价值的再生要素也分别由"文化空间""文化活动""文化意象"三个内涵层次组成，如图8.2所示。

当价值再生要素积极作用，旧工业建筑再生利用文化价值得以形成后，如何对其进行保护传承成为新的课题，如图8.3所示。旧工业建筑再生利用文化价值面向社会产生作用，包括实体再生、行为引导与精神升华等一系列由物质到精神的正向推力。此外，单从社会表现形式这一范畴探索，会发现在旧工业建筑再生利用过程中，通过保留重要面貌、展示既有资源、加强文化品牌传播等手段，有助于加强旧工业建筑文化价值再生表现，旧工业建筑文化保护传承机理框架如图 8.3 所示。包括工业遗产旅游发展、文化创意产业兴起、城市形象稳步提升等形式。

图 8.2　以"文化"内涵层次推演文化价值再生要素组成

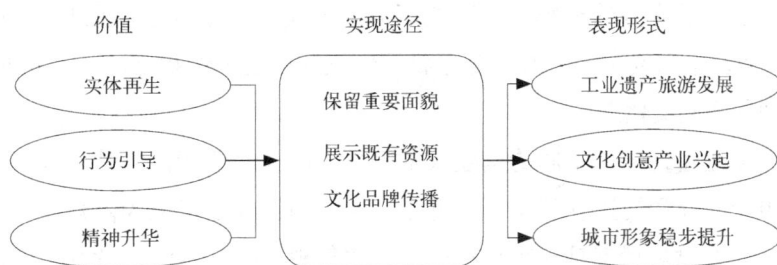

图 8.3　旧工业建筑文化保护传承机理框架

8.1.2　文化保护传承要素

1. 文化空间

旧工业建筑再生利用文化保护传承必须建立在"文化空间"实体要素基础上，对应于"文化三层次"中的物质文化，是承载人类文化活动的空间结构节点，因此它必然对应着某一具体的建筑景观、建筑造型、空间形态或一定的既有环境。文化空间既是旧工业建筑再生利用的基础要素，也是文化资本得以循环与增值的场所，因此其本身是"空间意义阐释"与"文化价值生产"的复合体，如表 8.1 所示。

文化空间要素组成因子　　　　　　　　表 8.1

组成因子（二级指标）	空间表征（三级指标）
空间意义阐释	历史建筑的遗产价值（类型、风格、装饰）
	建筑形态的多样性
	文化景观的易读性
文化价值生产	细密的再生空间肌理
	公共空间的数量与质量
	公共与私密的交互性与渗透性
	临街空间的活力性

（1）空间意义阐释

旧工业建筑再生利用文化空间意义阐释主要由历史建筑的遗产价值、建筑形态的多样性和文化景观的易读性等方面组成。

历史建筑的遗产价值作为空间意义中最为重要的一项，对城市文化、历史的保护与传承具有重大作用，对于维系城市群体对本土文化强烈的认同感也具有积极意义。文化遗产价值是旧工业建筑被认识、发现、挖掘的起源，当其历史与艺术价值获得官方的认定之后，应将历史建筑的"真实性表达"作为修缮与再生工作时的首要条件。这样的历史遗存可以是生产类的厂房车间、仓储建筑、工业工艺生产流线、工厂大门等主体性的历史建筑，也可以是办公楼、住宅、水塔、污水处理池、运输铁路等具有"接触普遍性价值"的建筑以及相关的记忆场所。再生工作一方面需要对建筑的历史信息（建筑类型、风格、装饰等）有着充分的理解，将这些历史信息从层层叠加的物质结构中梳理并展现出来；另一方面，也需要重视那些承载了科技价值的历史事件和见证了时代发展的机械、器物等一系列非物质文化遗产。

但是，旧工业建筑文化空间的构建仅依赖历史建筑的遗产价值是远远不够的，也无法使其与城市中其他历史遗存建筑区分开来。要使旧工业建筑成为公众能够认知和体验的历史建筑，需要建筑形态具有多样性以及文化景观保有一定的易读性。透过现实案例我们看到，旧工业建筑的文化再生过程中，现代感、时尚感、文化感都是非常重要的。在建筑设计形体层面，现代感的空间设计与历史建筑以包裹、穿插、叠合等多种方式共现，界定当下功能存在；在建筑语言层面，新建筑通过对历史工业建筑的特征提取、转译、再现，成为彰显价值的另一途径；在材料语言层面，空间改造一方面追随最新的潮流，运用创新材料，另一方面，以历史元素为核心来创作，强化新旧对话。

从心理学角度来看，文化与历史记忆的记录与传播的途径绝非仅依赖历史建筑，而是更依赖整体的文化与历史的情景氛围，而这就离不开各种尺度的文化景观。在旧工业建筑再生空间中，通过设置特色化的公共设施、主题雕塑与小品等一系列视觉传递物品，有助于提升空间辨识度与人文内涵，促进人们在场所中的非正式交流，进而提升整个场所的文化品质。

（2）文化价值生产

旧工业建筑再生利用文化价值生产主要由旧工业建筑群的整体规模、尺度、肌理、公共空间等方面组成。

大多数旧工业建筑厂区形态往往以阵列式规整排布作为空间原有特征，因此，空间的"适度加密"与"局部清理"几乎成为旧工业建筑再生利用时的共同选择，而这种选择不应仅以追求容量为目标，更应追求再生空间的多元化与趣味性。同时，空间加密不完全以"共享性"的增加作为单一目标，而是以公共与私密的"交互与渗透"为目标——巨大而闲置的公共空间往往使历史工业场所显得更为凋敝，而具有文化效能的公共空间会使公共与私密活动获得互动并相互增益。

如果说旧工业建筑群中存在大量的公共空间，其文化识别多依赖于公共景观以及公共活动组织中所蕴含的文化内涵，那么临街建筑则是文化活力"自然发生"最为密集的区域，也是人们最为集中的界面。因此，围绕这些界面所组织的步行空间的层次、灵活度、可达性往往至关重要，这些空间直接关系到公共空间的数量与质量。

2. 文化活动

文化活动要素组成因子如表 8.2 所示。

文化活动要素组成因子　　　　　　表 8.2

组成因子（二级指标）	活动表征（三级指标）
主体功能活动	文化场馆的数量以及多样性
	空间容量的多样化、弹性
	中小型文化企业所能承受的低成本工作空间
	吸引到文化发展机构以及中介公司的聚集
衍生功能活动	社交功能实体的引入（如小剧场、咖啡厅、酒吧等）
	中小型、独立商铺
	社区居民功能的引入
社会公共活动	增加空闲时间以及夜间空间使用频率
	接头市场的功能与规模
	节庆与活动的定期举行

（1）主体功能活动

首先，从旧工业建筑再生模式来看，除了满足空间的首要功能需求外（如商业、办公、居住），保持场所用途的多样性与韧性是使其成功的重要原因，也是主体功能呈现出文化价值的主要途径。区别于功能主导空间生成的设计逻辑，"旧瓶装新酒"的过程是一个逆向适配的过程，旧工业建筑自身的空间特向在这一过程中起到了极大的限制作用，而保持空间的韧性则是为了适应文化活动的演变及其不同空间需求。以文化创意园区为例，在众多的实际案例中，园区对公共文化设施的设置十分重视，它们在园区中以会议中心、展厅、公共健身房、书吧、艺术咖啡厅等多样形式出现，在园区中处于一个核心地位，或设置于园区中心位置，或以多而小的方式分布于不同组团之中，有时甚至在更微观的单体组团之中设置相应的"文化核"。这些功能的运营往往不能产生最大的经济效益，却能对园区的"文化孵化"起到重要作用。此外，保持空间韧性的另一个重要原因是，中小型文化企业与文化个体在整个创意产业发展中扮演越来越重要的角色，他们开放、分享、抗风险能力低的运行特征与大型文化企业或机构的自我中心、垄断、经济能力强等特征形成巨大反差，而空间的韧性发展则能够与文化个体的流动的、网络的发展方式形成比较好的耦合。

其次，从机构设置的角度来看，能够支持并促进中小型文化企业或文化个体发展的中介机构往往是园区文化功能的重要一环。这些中介机构可为中小型文化企业或个体提供资金补贴、租金优惠、融资渠道、人才供应等多方面的支持。

（2）衍生功能互动

设置配套的衍生功能也是促进文化活动形成的重要途径。一个场所如需保持长效的空间活力，仅靠主体性的功能是不够的，那种过度的、单一的功能至上主义往往会因为功能积聚而使空间多样性丧失，从而变得消极。因此，围绕社会交往所设置的衍生功能变得极为重要。

衍生功能之所以能够促进社会交往，是因为它能够在工作与休闲之间、园区与社区之间的互动上产生积极的作用。包括：①引入一些社交功能实体，如公共会客厅、公共食堂、小剧场、展厅、公共多功能会客厅、众创空间等，这些功能有助于园区内的个体因为空间的共享性而产生交往。②在空间中设置适量的中小型、独立商铺，如咖啡厅、酒吧等，这类辅助功能的引入一方面可以使局部空间的商业价值最大化，另一方面可以使人们在工作空间与休闲空间之间取得足够的互动。③引入一些社区生活功能，如运动空间、早教机构、医疗保健机构等。文化空间本身的文化产品不仅要被生产出来，更重要的是被传播、销售出去，与邻近社区居民的密切交往，不仅能够有效提升文化空间的活力，还能最大化地利用文化空间。

（3）社会公共活动

从空间的运营角度来看，除了维持场所中文化的生产性活动之外，如何促进场所中文化社区的形成及其与周边社区的融合变得异常重要。因为只有在网络氛围中，文化活动才会更加自主地发生，同时激活文化活动自身的共享性、创新性等特征。如定期举行各类节庆活动与文化市集，提高空间夜间使用频率等，这些与日间生产错时发生、空间上交错发生的文化活动，能够有效促进艺术社区的生长，并在一定程度上加速与周边社区的融合。

3. 文化意向

旧工业建筑再生文化价值必须具有一定的"文化意向"要素，赋予人们特定的身份认同，它对应于"文化三层次"中的精神文化，具象为旧工业建筑再生利用后个体在文化空间内与场所产生的情感维系与潜在记忆。因此，文化意象必然对应着人们某一具体的行为、直觉、情感等体验与感知。依据旧工业建筑再生文化意向不同来源，将其分为"空间游览文化意向""历史感触文化意向""个人体验文化意向"三部分，如表8.3所示。

文化意向要素组成因子　　　　　　　　　　　　　　　　　　　　表 8.3

要素组成（二级指标）	意向表征（三级指标）
空间游览文化意向	路径（旧工业建筑失控序列的重新排序）
	边界（主题单元的编排）
	区域（场所连续性的重新建立）
	场所
	标志物（空间导向与昭示性）
历史感触文化意向	对场所历史、进程等集体记忆的表达
	对场所个性、身份的塑造
	文化细节的知识性与丰富性
个人体验文化意向	空间的非常规利用及创新活动
	社会网络活动与文化氛围的营造

（1）空间游览文化意向

如同凯文·林奇（Kevin Lynch）在《城市意象》一书中所言，人们透过路径、边界、区域、节点与标志物的要素来感知城市。而在一个再生的旧工业建筑中，人们依旧需要通过这些要素来识别一个完整的文化场所存在。因为人们是通过对场所中不同元素的感知，来形成连贯和可识别的场所意向，创建心中对于场所的心智地图与理解框架。在这一过程中，人们通过个人的、碎片化的行动与阅读，获得了文化空间的知识与身体体验。

（2）历史感触文化意向

旧工业建筑再生文化意向很大一部分源于其中的历史感触，而这个部分反映了更为宽泛的文化过程、价值观、身份等要素之间的"化合作用"。伴随着时间的推移，具体的事件、地点的意义会纷纷呈现，场所开始越来越多地叠加了社群、团体、社会的记忆。这种文化意向通过对历史的感触，对各类带有历史信息的物质遗存进行转译表达，从而使受众能够从这些空间阅读中获取来自历史的信息，识别场所的特质。

（3）个人体验文化意向

文化意向很重要的一部分来自有组织的，或非个人的文化行为所制造的新的文化场景，即通过新建筑、公共空间等创造出新的使用用途，继而挖掘与场所全新的情感联系。有组织的空间活动往往通过一些潜在的、非正式的网络或者协会来进行，这些活动与空间主体功能平行布置，互不干扰甚至互相增益。

8.2　文化保护传承的价值

根据旧工业建筑再生利用文化价值三要素来对旧工业建筑文化进行传承保护，旧工业建筑同样会在"物质""行为""精神"三个不同层面产生作用。对文化价值要素作用的划分如图 8.4 所示。

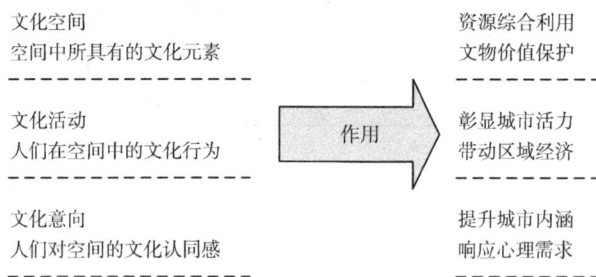

图 8.4　旧工业建筑再生文化价值要素作用划分

8.2.1　实体再生

1. 资源综合利用

工业建筑通常结构坚固，具有较长的使用寿命。然而，大部分工业建筑闲置时并没有达到其使用年限。通过整合分析国内 30 个城市 148 个调研项目的信息，如图 8.5 所示，可以发现，如果按一类工业建筑平均耐久年限 100 年计算，则旧工业建筑改造时的建筑剩余使用寿命为 64.1 年；如果按二类建筑平均耐久年限 70 年计算，则剩余使用寿命为 16.1 年。由此可见，旧工业建筑在废弃时还有大量剩余使用寿命，如果一味拆除重建将对国家财产造成很大损失，且不符合国家倡导的绿色节约理念。

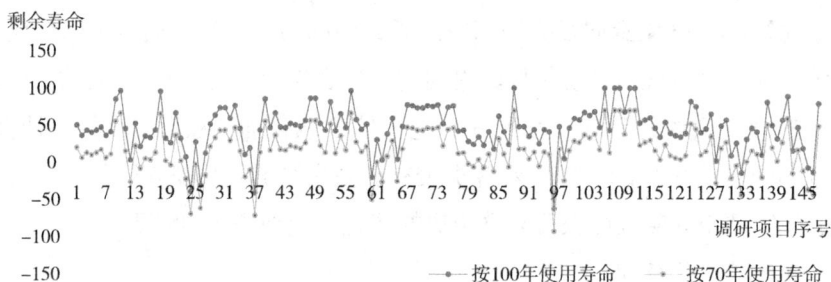

图 8.5　旧工业建筑剩余寿命

文化建构的核心之一就是对旧工业建筑文化的"再生利用"，通过合理的文化建构方式，对蕴含丰富文化价值的建（构）筑物、设备管线、厂区道路等既有资源进行整合与再生，挖掘并赋予其再生文化价值，不仅能保留这些历史印记，还能节约多项资源。因此，旧工业建筑的文化建构不仅充分发挥了建筑物的作用，还积极响应了资源节约型社会的倡议。在这样的背景下，将旧工业建筑再生为文化空间已成为城市发展中的共识（图 8.6）。

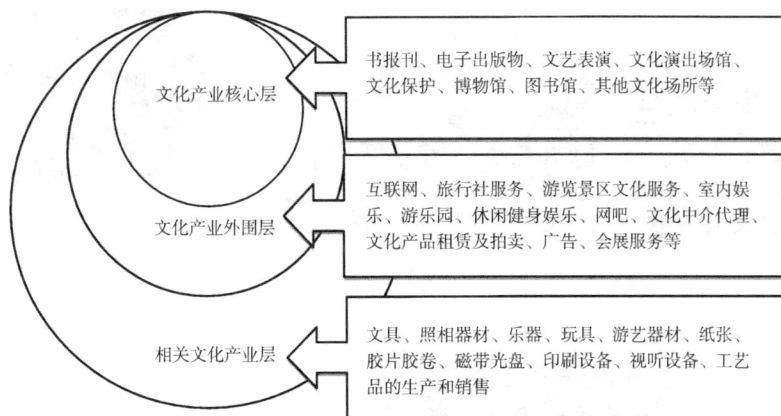

图 8.6　旧工业建筑再生的文化空间类型

2. 文物价值保护

中华民族拥有源远流长的民族文化历史，保护这滚滚长河绵延不息是每一位中华儿女应尽的义务与责任。但目前在文物保护方面仍存在较多问题，包括全国古城风貌千篇一律、文物保护方式过于肤浅、盲目恢复历史遗迹等。因此，在经济快速发展、新型城镇化步伐不断加快的今天，文物事业仍面临着保护与发展反复博弈所带来的挑战。

旧工业建筑不仅是工业发展的缩影，也是展现工业文化的重要载体，那些具有较高文物价值的旧工业建筑属于文化遗产范畴，同样具有不可再生性，是物化了的人类工业文化。文物作为一种难以再生的宝贵稀缺资源，不仅能够展示传统文化，还承载着几千年我国传统文化的思想精华与道德精髓，更蕴藏着以爱国主义为内核的民族精神、以改革创新为内核的时代精神。但是由于缺乏直接的经济价值，很多具备文物价值的旧工业建筑被拆除、损毁。因此，通过旧工业建筑再生利用文化保护传承的方式，能够更好地保留、保护旧工业建筑的文化价值。

8.2.2　行为引导

1. 彰显城市活力

伴随城市经济稳步增长，城市形象及风貌的塑造已经成为各大城市进一步发展的追求目标。通过旧工业建筑再生利用的文化建构，在原本厚重单调的旧工业建筑之上，衍生出各种富有活力的功能模式和建筑风貌，将城市的文化素养、创新能力具象地展现在人们的视野中，有力地彰显出城市在新时代背景下的年轻活力，完美地实现城市的历史厚重感和现代感的统一。对于曾经支撑城市发展的核心产业的旧工业企业，再生利用时可以通过文化建构去挖掘、放大其文化气质，使其成为记录城市历史、标榜城市特质和精神文化目标的新地标。如图 8.7 所示。

(a) 北京 798 艺术区
(原 798 厂等电子工业厂)

(b) 南落马营体育文化公园
(原杭州煤制品二厂)

(c) 上海 1933 老场坊
(原上海工部局宰牲场)

(d) 陶溪川陶瓷文化创意产业（原景德镇宇宙瓷厂）

图 8.7　旧工业建筑再生利用后的城市新地标

2. 带动区域经济

参照国家统计局于 2016 年发布的年度文化及相关产业统计数据可知，该年相关产业同比增长 13%，占我国 GDP 的比重为 4%。利用文化建构的方式，将旧工业建筑再生为文化产业载体，在吸引更多消费群体的同时，还可带动周边的经济收益。

我国城市发展现状以城市化规模扩张为主，突出表现为土地价格飙升，旧工业厂区所处地区的商业价值因此被迅速提升。旧工业厂区具有占地面积大、建筑层数少、空间开阔等特征，这些都增大了旧工业建筑空间在开发方面的无穷潜力，可通过改扩建等多种方式将空间容量最大化并合理改善其功能结构。一大批通过再生利用成为商场、餐厅、博物馆、展厅、酒吧等投资回报率较高的旧工业建筑，不仅提高了自身经济效益，更通过吸引客流带动了区域经济的发展。此外，基于旧工业建筑再生利用文化的保护传承，能够引导一系列以文化创意为内核的旅游资源、文创产业的开发，以文化的活力提升旅游项目、旅游产品、旅游节庆等的吸引力和增值率，设计游客参与制作的服务，推行体验型文化消费，邀请民间艺术家或当地民间艺人进行现场表演等。旧工业建筑再生利用文化保护传承可通过上述方式形成完整的产业链，各个业态之间互相促进，共同发展。

我国在这方面已有不少成功的尝试，如北京 798 艺术区 [图 8.8 (a)]、上海田子坊 [图 8.8 (b)] 均由废弃的工厂作坊改造而成，在对区域文化价值进行保护传承的同时，提升了区域品质和价值，带动了周边经济发展。上海田子坊于 2000 年经街道办事处打造，通过发展创意产业的方式盘活了资源，并提供了大量就业岗位。当时，有 18 个国家和地区的艺术设计人士参与，利用"田子坊"老厂房资源招商，利用 6 家老厂房改建为总面积达 15000m² 的园区，截至 2017 年已入驻百余家单位。2015 年国庆，根据电子屏监测显示，田子坊原本 600 户规模的里弄中，全天游客人数超过 5 万人。如此大的客流量，有力地带动了周边经济配套和发展，同时促进了区域经济的改善。

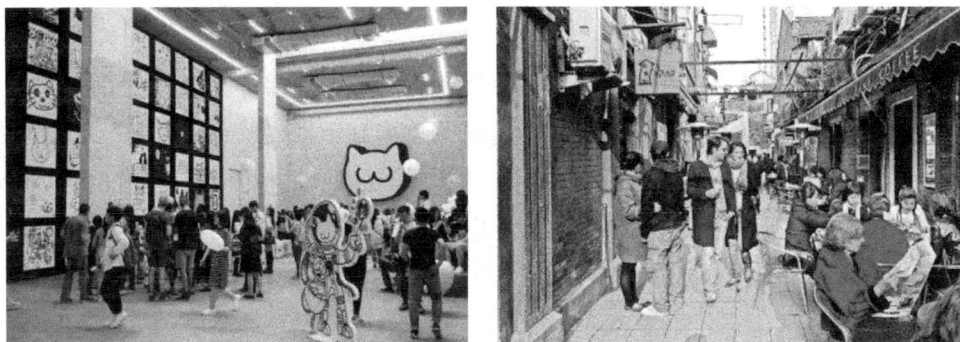

(a) 北京 798 艺术区　　　　(b) 上海田子坊

图 8.8　旧工业建筑再生利用项目内攒动的人流

8.2.3　精神升华

1. 提升城市内涵

近些年，中国经济迅猛的发展速度让城市呈现出一种难以掩饰的浮躁风气，大量旧的建筑被拆除，新的高层拔地而起，便利之余，也导致大量城市千篇一律，历史痕迹被淡化，造成下一代的"文化失忆"。

亚历山大·古兹曼尔在德国周刊《焦点》上点评中国城市时写道，"随着摩天大楼在这个国家戏剧化的增长，城市生活变得愈加乏味。中国的城市缺乏自己的面孔。"古兹曼尔明确指出，在城市国际化发展的过程中，各个城市必须拥有自己的个性。这种个性并不能仅仅通过打造特征鲜明的标志性建筑来实现，而是需要独特的文化、生产力及消费模式去营造。

2004 年发布的《上海市城市总体规划》中强调，城市保护规划应突出历史风貌，应充分挖掘城市历史文化内涵，进一步增强城市文化气息并提升城市艺术品位，重点体现城市历史与未来的交融，将上海建设成为具有丰富历史文化内涵、海派文化氛围、高品质文化气息的现代化国际大都市（图 8.9 ～图 8.11）。该规划为上海市旧工业建筑文化保护利用提供了有力的依据，自此上海市涌现出大量旧工业建筑再生利用项目，使上海这个国际化大都市同时展现出了时代感和历史感。

图 8.9　上海当代艺术博物馆
（原南市发电厂）

图 8.10　上海田子坊
（原街道仓库作坊集群）

图 8.11　上海红坊创意园
（原钢十厂轧钢厂）

　　另外，无锡、杭州、苏州等历史名城，作为我国著名的旅游城市，为了提高城市的文化底蕴、丰富历史内涵，政府对旧工业建筑的再生利用越来越重视，出台了大量鼓励和优惠政策。要求按照"护其貌、显其颜、铸其魂"的原则进行旧工业建筑文化的保护传承（图 8.12 ~ 图 8.14），杜绝粗暴的大拆大建模式，追求对旧工业建筑进行有机更新，从而保护城市历史、提高城市内涵。

图 8.12　无锡 N1955 南下塘
文化创意园

图 8.13　无锡中国丝业博物馆

图 8.14　无锡北仓门
生活艺术中心

　　面对城市特质逐渐消失、城市发展景观日益趋同的现状，大力实施对旧工业建筑的文化传承，可以为场所特征的塑造和城市区域景观特色提供契机，丰富城市的建筑景观风貌，提高城市本身的辨识度。

　　2. 响应心理需求

　　旧工业建筑是表现传统、传承文化、增强民族记忆的重要工具之一，也是人们精神和情感的寄托。旧工业建筑文化传承响应了人们的心理需求，带给市民更多的是对原厂区的归属感与自豪感。

　　归属感（belonging，又称隶属感）是人类基本的情感需要。作为曾经工业时代的象征，旧工业建筑记载着城市发展历史脉络，其固有的环境和场所文化能轻易唤起人们的回忆和憧憬，而人们置身其中也会由于个人经历产生强烈的认同感和归属感。研究显示，接触年轻时的环境、事务，会让人产生重返年轻的错觉。埃伦·兰格（Ellen J Langer）教授及其团队通过实验指出，老年人接触年轻时生活的环境，会更加积极有活力，包括智力、体力都有一定程度的提高。同时，有学者研究认为，怀旧消费与焦虑情绪呈正相关，通过回顾过往美好事物，可以缓解内心的焦虑和孤独。而基于建筑风格、历史痕迹、工艺设备等的保留、维护和整合，旧工业建筑再生利用项目能够发掘旧工业建筑具备的文化价值，通过再生时对相应文化特征的合理表现，形成怀旧氛围，为高压人群带来积极的心理慰藉效应。

旧工业建筑还以其独特的魅力，使那些在原厂区工作的职工产生由衷的自豪感。在当年，厂区的人们对企业有一定的依附性，特别是改革开放前的国有企业，不仅给予个人各种福利，还可以代表个人身份、政治地位等。个人的工作热情、奋斗精神对当时整个社会产生的影响力、号召力，形成了工业生产领域的明星效应，既包含重要的历史人物对企业的绝对影响意义，也包含普通个人对企业发展的推动作用。如劳动模范王进喜，被誉为"铁人"，王进喜等人的很多经验做法形成了油田的规章制度。由此，个人产生了浓烈的自豪感，个人的力量也对企业产生了积极影响。

8.3　文化保护传承的途径

8.3.1　保留重要面貌

1. 厂区复原设计

旧工业建筑再生利用厂区复原设计是一项复杂的系统工程，既要从城市发展需求的角度出发研究利用策略，又要考虑再生利用后园区的区位特点和建筑特色；既要考虑对原有建筑物的保留，又要做到在新建、改造、装修中不能简单地"复古"和"做旧"；既要考虑功能的适应性、满足性和安全性，又要考虑技术的可行性和经济性；既要保证旧工业建筑再生利用效果，又要提高建构后建筑的文化价值。因此，前期科学、合理的规划设计显得尤为重要。

对旧工业建筑集中布局的地区，再生利用要取得良好效益和发挥文化价值，必须在规划设计阶段针对区域内不同的设计要素进行分析、整合，同时还应结合城市有机更新的时代背景，参考相关城市设计的理论与手法，对建筑所蕴藏的文化价值要素进行深层次地挖掘。

因此，旧工业建筑再生利用项目规划设计管理的主要内容包括：城市设计理念、再生模式甄选、园区规划策略以及建筑再生研究等。

（1）城市设计理念

城市设计旨在通过设计和管理城市空间，为人们构建出一个宜居、优美、卫生的物质空间环境，进一步推动城市健康发展。因此，在旧工业建筑再生利用设计时不仅要参考、学习优秀实例，还应对再生后的城市生活所产生的各种物质、精神层面问题进行研究，并用现代的技术和手段予以解决。重视再生使用功能和建筑文化的展示，包括人的流动和交往，这是旧工业建筑再生利用城市设计的重要课题。城市的健康发展不仅是城市建筑物质空间在功能、美学和文化上的基本要求，还包括通过合理的设计和管理来维持城市社会健康运转、经济持续增长以及生态环境的稳定发展。在城市化发展进程中采取科学客观的态度，站在城市设计的高度看待旧工业建筑再生利用，寻找项目可持续发展的策略，这是旧工业建筑在城市空间中得以融入和长期存在的前提条件。

（2）再生模式甄选

我国现有旧工业建筑再生利用模式多种多样，包括创意产业园、博物馆、商业综合体、公园绿地、艺术场馆、学校、办公楼、住宅、宾馆等，其中创意产业园在相关政策支持下，占比较多，且已取得良好的效果反馈。旧工业建筑再生利用时，应综合考虑环境价值、社会价值、历史价值以及经济价值等，针对特定地区和区域的文化内涵进行具体分析，选择与其建筑文化相匹配的再生模式。适宜的再生模式能够提升旧工业建筑再生的动力，延续其再生的寿命。

（3）园区规划策略

旧工业建筑所涉及的建（构）筑物以及外部环境系统，包括平面交通路网、地下雨（污）系统、空间运输系统（架空管道、支架）、配套生产设施场地等。原规划设计的目的是服务和满足工业生产的工艺流程和交通流线的要求，生产功能性强，空间尺度大，对人的行为活动未做到专门、充分地考虑。在再生利用规划中，应根据建筑整体功能的全新定位，充分利用已有设施，重新建构外部环境系统，形成与新功能相匹配的人与人、人与自然交往的外部空间。旧工业建筑再生利用过程中，建筑文化的建构可有效弥补原生产性极强的工业园区对人这一群体相对弱化的设计。旧工业建筑再生规划的本质是创造一种新的文化符号，在原有的空间实体内赋予人的思想和理念，形成新旧时空的对话，达到空间实体和文化语言的交流共存。

（4）建筑再生研究

旧工业建筑看似城市化发展的"包袱"，实质却是城市建设发展的文化资源，可为今天城市化发展的文化延续提供源泉和养分，体现出我们所追求的多元丰富、兼容并蓄的建筑内涵。这种潜藏在旧工业建筑背后的文化魅力，值得花费大量精力进行保护并传承。

2. 建筑复原设计

（1）重塑场地环境

建筑的性格特征，也就是建筑所展现出来的个性。因为建筑功能、所处地形环境、设计师意图等方面的差异，每一栋建筑都应该具有独一无二的形式与特点。例如，旧工业建筑外部环境空间包含交通空间、生产空间、存储空间、绿化空间等，在旧工业建筑向文化建筑转化的过程中，这些外部环境形态是真实的历史遗留，具有鲜明的历史印记，其工业文脉的气息浓郁。又如构筑物的保留与再生利用。在产业转移、旧区改造等大潮下，生产厂房和设备逐渐退出历史舞台，遗留下来的许多高耸的烟囱因此拥有了新的身份，或是现代城市的崭新地标，或是绿地里的景观装饰，作为工业时代的遗产展示在城市之中。

（2）表达工业界面

基于当代审美意识的不断变化以及材料技术的不断发展，整体复杂多变的建筑表现形式成为当下凸显建筑个性魅力的新方式。旧工业建筑通过再生利用之后，在界面表达上自带一种工业的美感。例如，建筑围护结构的立面构图，从以往满足开门、开窗等主要基本功能，逐渐过渡并演绎出图案化、肌理化的复杂界面形式，同时借助材料元素和视觉元素，形成集工艺技术与时代感为一体的界面。

（3）构建公共空间

公共空间泛指人们交流的场所，包括城市广场、公园以及所有公众共用的公共建筑空间。共享公共空间的形式往往灵活多变，空间内蕴含信息量庞大，因此人们身处其中时，行为较为自由，停留和交往的时间也较长，活动内容更加丰富。

旧工业建筑再生利用过程中除了保留一些满足基本使用功能的空间之外，用于为人们提供交流、活动、休息的公共活动空间也越来越受到重视。空间与人交融的同时又充满生机与活力，这就为建筑文化发挥了最大的社会作用，可吸引公众频繁光顾，为进行一定的社会活动提供保证。人们能够在公共空间内享受惬意的共享体验，弥补了现代社会普通建筑空间难以带给人们的人文关怀，因此，可以将公共空间称为旧工业建筑再生利用建筑文化的灵魂。如图 8.15 所示。

(a) 文化活动剪影　　　　　　　　　　(b) 共享空间展示

图 8.15　公共空间共享文化

（4）建立叙事空间

建立叙事空间是在建筑、景观、室内、空间等设计范畴内一种十分常见的空间营造手法。通过旧工业建筑再生利用过程中强调突出的叙事情节，可充分展示旧工业建筑再生意图，并通过戏剧性的空间布局展示，令人们在阅读、体验设计成果的过程中感受到不同的工艺文化、社会发展、个人职业背景等带来的精神冲击，以及可能产生的精神共鸣，从而打动置身其中的人们。

空间叙事代表了一种与体验密切相关的建筑属性，是旧工业建筑最典型的特征之一。旧工业建筑的叙事空间主要是围绕一种"情节化"的路径与场景设置展开，如图 8.16 所示，厂区内原本的道路与场景布置早已超出简单的功能满足，上升到了更高层次的叙事化情节构建，体验者需在特定路径指引下，依次完成与不同空间环境的对话，并从中获得一系列较为完整的心理体验。

图 8.16　叙事空间场景设置

旧工业建筑再生利用后的叙事空间不同于传统"精致收敛"的叙事空间。尽管传统叙事空间通过"超越尺度限制"的巨型构件改造，以及内部空间的可变性和不同于民用建筑的高大尺度，可营造出质感强烈且与众不同的视觉效果。但改造后具有"强意向性"的叙事空间，更加具有富张力和表现力的情节美感。

上海 1933 老场坊可追溯到 1933 年建立的原上海工部局宰牲场——当时规模最大的现代化屠宰场。基于对原有建筑的经营性保护，经过改造修缮后，完整地保留了建筑外立面和内部主要的空间特质，并赋予新的建筑功能需求，现在的 1933 老场坊已成为上海地标性的顶级消费品交易中心，如图 8.17 所示。

(a) 廊桥　　　　　　　　(b) 伞形柱　　　　　　　(c) 牛道

图 8.17　上海 1933 老场坊

总的来讲，对旧工业建筑空间进行再生利用能够在尽可能保留既有建筑资源和文化符号的同时，逐步向挖掘、丰富既有资源和文化内涵的方向上延伸，为旧工业建筑不断注入新生元素，将其本体与潜藏内涵在时间维度上不断延续向前。

3. 设备复原设计

机器设备（本节提到的机器设备既包含各种大型生产器械，也包括各类小型生产工具）是工业生产的主要工具，也是工业文明的实物表征，更是最能体现工匠精神核心价值的文物。作为科学技术的载体，机器设备往往凝结了数代人智慧的结晶，甚至是科技历史长河中的一座座里程碑，定格了一个时期或一个时代的生产状况。因此，旧工业建筑再生利用文化中的工艺文化与机器设备息息相关，能否对机器设备进行适宜的复原设计，关乎旧工业建筑文化价值能否得到保护与传承。机器设备的保护与生产工具的保护大致相同，本节以机器设备的保护为主进行详细说明。机器设备的保护主要包括以下三个步骤。

（1）设备保留决策

首先，确定机器设备的保留与否，即在综合考虑设备完整性、使用性能、危险性、工艺特色、美学性能、旧工业建筑再生利用模式、旧工业建筑再生利用布局规划等因素的基础上，决定机器设备的去留。对于不具备文化价值的设备，可考虑转让或售卖，以回收一部分成本。如图 8.18 所示。

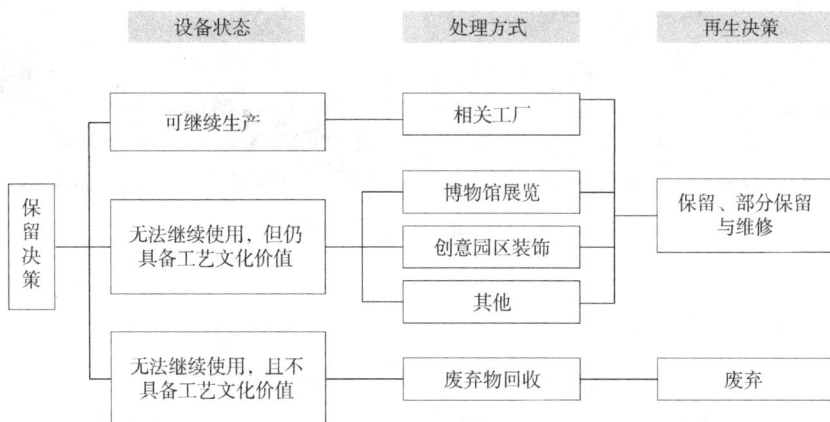

图 8.18　设备保留决策

（2）机器设备的保护

针对决定留用的机器设备，综合考虑其大小、材质、形状、生产工艺、建筑物的空间、布局等因素，采取相应的保护方式。

1）机器设备的异地保护

指搬离旧工业建筑生产环境进行保护的方式。众多旧工业建筑处于人口密度较大的老城区，寸土寸金，受到地方政府和房地产开发商的青睐，因此往往难逃被拆除的命运，具有工艺文化价值的设备也随之惨遭丢弃。例如，安徽合肥某楼盘，前身是合肥化工机械厂，如今仅保留着一处被改造成小区会所的旧工业建筑，大多数机械设备已然不知所踪。

当原有旧工业建筑的布局和功能发生改变时，便不能再为机器设备提供安身之所，大多数自留设备都只能迁出原有建筑进行异地保护。这种保护方法适用于不具备特殊文物价值、防水及耐晒的设备，具体可根据设备的存放要求，采用直接露天放置或架棚保护两种方式进行展出。

在最初的工业升级改造过程中，人们并未意识到这些机器设备和生产工具的工艺价值。废弃的机具设备往往被视为难以处理的大件"铁疙瘩"，甚至很多被当作废品变卖，侥幸遗留下来的机器设备作为展览品的屈指可数。但是，随着人们对工艺文化的重视，这些机器设备已越来越多地被保留下来，作为彰显项目工艺文化的介质，出现在大众的视野里。例如，昆明871创意工场中，随处可见机器设备的展示（图8.19）。

图8.19　单个设备户外展示

2）机器设备的就地保护

指机器设备不脱离旧工业建筑物，直接在建筑物本体内进行保护。作为工艺文化的载体，机器设备一旦离开其本身所处的生产环境，就失去了其存在的使用意义，所以最好的保护方式是就地保护。机器设备虽有可移动的特性，但是，如同石窟中的壁画和雕塑、寺院中的佛像，就地保护才能保证其原真性，也能给人们以更强的感染力。如上海、天津、武汉、青岛、大连、沈阳等我国著名的近代工业城市，相继在旧工业建筑原址上建立专题博物馆，大量展示旧的机器设备，同时配有专业的讲解人员，将民族传统工艺文化发扬光大。如图8.20所示。

| (a) 锯床 | (b) 小木车床 | (c) 车床 | (d) 电机 |

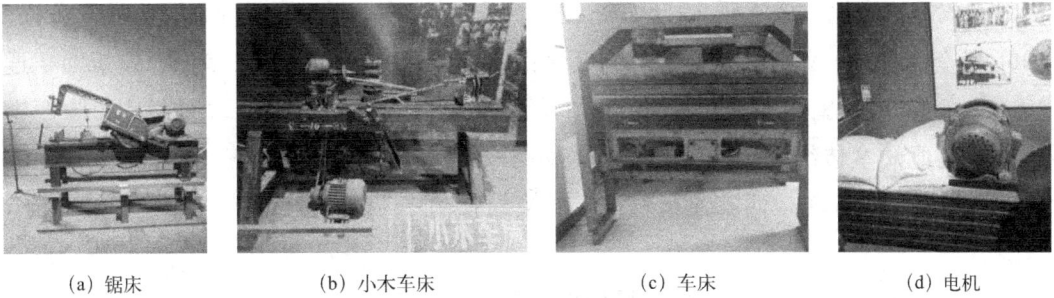

图 8.20　博物馆设备展示

(3) 机器设备的放置

无论是就地保护还是异地保护机器设备，都需要考虑如何放置机器设备。放置方式可分为三种：第一种，原状成列，即原样摆放，这种方法适用于大多数体积庞大、具有特殊意义（国外进口或者国内首创）、在生产工艺中占有重要地位的机器设备；第二种，组合摆放，即将多种小型机器设备（或组件）组合摆放或者胶粘成具有工艺美学的工艺小品，适用于小型机器设备或机器组件；第三种，再生利用，即根据机器设备的结构外形，再生利用成其他功能物件，例如将机器改造为养花盆，将机器组件改造为道路限宽墩等。如表 8.4 所示。

机器设备的放置方式　　　　　　　　　　　　　　　　　　　　　表 8.4

机器设备放置方式	适用的机器设备	相关图片
原状成列	体积庞大、具有特殊意义、在生产工艺中占有重要地位的机器设备	
组合摆放	小型机器设备（或组件）	
再生利用	根据结构外形和功能需求选择	

8.3.2　展示既有资源

1. 机器设备展示

西安建筑科技大学华清学院位于西安市幸福南路 109 号，由原陕西钢厂厂区再生利用而成。陕西钢厂成立于 1956 年，位于西安二环东南角，属于韩森寨工业区范围。1965 年全面投产，是年产 50 万～60 万 t 钢的中型企业，占地 900 多亩，建筑面积近 20 万 m²，曾为我国的国防事业和西安的经济发展做出巨大贡献。20 世纪末，陕西钢厂也像其他众多传统夕阳产业一样，陷入了无可避免的衰败之境，2001 年经陕西省政府批准破产。同年，西安建筑科技大学策划收购陕西钢厂作为其第二校区——华清学院。

在陕西钢厂再生利用过程中，设计人员利用厂区废弃的工业设施、结构构件，制作了校园内的工业景观小品，与由厂房改造的教学建筑相得益彰。其中，对于二轧机修车间露天跨，在景观设计中，拆除了吊车梁，完整保留了牛腿柱，表面喷刷真石漆，既是对混凝土表面的维护，又可保持其粗糙的外观。排风机重新更换风机叶片，涂刷金属漆，异地安装到操场草坪中，变身为靓丽的风车。重达 20t 的铸铁齿轮就地放置，对表面除锈打磨后，刷漆防护，成为坐落于草坪中无声的雕塑。如图 8.21 所示。

(a) 牛腿柱　　　　(b) 排风机　　　　(c) 铸铁齿轮

图 8.21　华清学院内机器设备展示

2. 生产工艺再现

生产设备或者工厂自身就承载着、代表着、构成着工艺文化，也时刻提醒人们保护工艺文化。因此，通过再现和复原生产制作工艺，活灵活现地展现出工艺流程的完整性，可使旧工业建筑再生利用工艺文化更为饱满和鲜活。生产工艺的再现包括两种方式：生产场景的再现和工艺流程的再现。

(1) 生产场景的再现

指利用真人比例或者微缩比例的蜡像和与生产相关的静物（可以使用真实物件或采用泥塑），以静态图片的方式展示单个动态生产场景。原状再现工艺流程中的某一个环节，或重塑出某一个场景，这种方式在旧工业建筑再生利用项目中频频出现。例如，杭州丝联·166 创意园中的雕塑，模拟人工养殖蚕茧幼虫并再现工人工作的某个瞬间（图 8.22）。

（a）人工养殖蚕茧幼虫　　　　　　　　　（b）工人工作的某个瞬间

图 8.22　单个生产场景的再现

（2）工艺流程的再现

指把单个场景（工序）连贯、有序地组合在一起。工艺流程的再现通常采用三种方式：以现代科技模拟场景；以真实场景再现工艺流程；参与互动。

1）科技模拟场景

利用现代科技复原工艺场景又分为原状陈列、微缩情景复原和科技虚拟复原。原状陈列是以栩栩如生的真人比例蜡像，结合生产用具和器皿，展示静态的生产场景，再将其串联成直观的工艺流程。例如，苏州第一丝厂的展览厅中，利用蜡像人物和古用丝绸纺织器具还原为一帧帧栩栩如生的三维图，通过腌茧、蒸茧、缫丝、绎丝、染丝等一步步制作工艺，完成从蚕丝到丝线的变化，如图 8.23 所示。微缩情景复原与原状陈列相似，区别在于将蜡像微缩精小，利于成套生产和携带，更好地保留工艺流程。科技虚拟复原包括三维影像虚拟投射、电子屏视频动画等方式，其中虚拟投射以环境模拟、技能运用和传感设施配上有声讲解，真实再现生产场景和工艺流程。利用现代科技模拟旧工业的工艺场景和工艺流程是一种很好的工艺文化展，具有强烈的历史感、真实感与感染力。

（a）腌茧　　　　　　　　　（b）蒸茧　　　　　　　　　（c）手工缫丝

图 8.23　传统蚕丝制作（一）

(d) 脚踏缫丝

(e) 缫丝

(f) 染丝

图 8.23　传统蚕丝制作（二）

2）真实场景展现

　　真实场景是指生产工人真真切切在生产车间里，与真实机器配合，一步步展示工艺流程，并且最后能看到生产产品的一帧帧动态图。例如，在苏州第一丝厂，真实再现了近代以来的机器制丝织布（图 8.24），包括蚕室布置，织工现场挑选合格的蚕茧，配合机器完成抽丝过程，再由丝线织布机器自行制成布匹等全过程。

(a) 饲养幼蚕

(b) 挑选蚕茧

(c) 机器抽丝

(d) 机器抽丝近景

(e) 织工剥茧

(f) 机器织布

图 8.24　机器制丝织布

3）互动参与

互动参与是近几年兴起的一种方式。无论是科技模拟还是真实场景再现的方式，都是游客在旁参观，无法真实体会工艺制作流程。而互动参与是指游客以主体参与者（如一颗麦粒）的身份，随着机器传送带从一个生产场景到另一个生产场景，参与到工艺流程（如面粉工艺流程）中去。目前，这种方式大多应用于工业旅游当中。

在工业旅游过程中，通过对整个工艺制造过程的全方位展示，包括采用真人互动、模拟、参与的方式，让游客切实体验生产成品的整个制造过程，学习了解每一个生产工艺。

旧工业建筑有自己独有的故事，包括建筑的生长故事、工作方式、工人的工作节奏等。随着历史长河的流动，特殊工艺也在建筑中留存下来。通过对旧工业建筑中工艺的复原，将其与现代主义文化特征结合，实现新旧共生。

山西大同煤气化总公司位于山西省大同市开源街，项目于 20 世纪 80 年代末开始筹建，后因国家能源结构调整于 2008 年 10 月停产。随即，市政府决定在煤气化总公司厂址进行以保护工业遗产为主要目的的综合开发。其中，直立炉厂房位于厂区西南角，生产工艺采用我国首创、具有世界先进水平的 JLH-D 型带热室复热式直立炭化炉，炉体构造较为复杂。再生利用过程中，根据直立炉厂房现有结构体系和空间特征，将其划分为三个板块：工业遗址博物馆、文化产业中心、功能拓展区域。整个再生利用过程尽可能维持直立炉立面原状，适当加入部分时尚元素，使厂房在原有风格的基础上增添了时代感，也使旧工业建筑中的人文精神和历史底蕴得以保留传承（图 8.25）。

图 8.25　大同煤气化总公司再生利用后效果图

上海半岛 1919 文化创意产业园以独有的人文文化为基调，以二十世纪二三十年代的旧工业建筑为基础，保留了原棉纺织厂的一些元素，如纺织机、传送轨道和钟楼等，以此记录中国民族纺织工业发展的历史。同时，建造充满现代气息的建筑群，集聚影视传媒、艺术培训、动漫制作等文化产业项目，成为上海重要文化艺术活动的会场，带动了上海文化艺术产业的发展（图 8.26）。

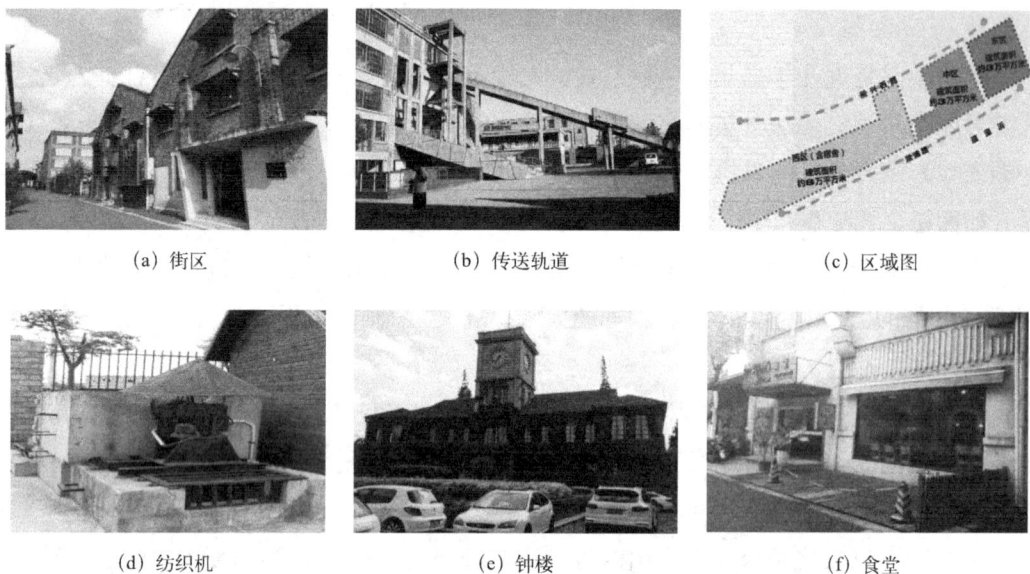

(a) 街区　　　　　(b) 传送轨道　　　　　(c) 区域图

(d) 纺织机　　　　(e) 钟楼　　　　　(f) 食堂

图 8.26　上海半岛 1919 文化创意产业园

3. 工艺成品展示

各类工艺成品也是展现工艺文化的有效途径，不仅反映了社会生产力和工艺水平，还反映了当时的审美状态和价值取向。尤其是一些工艺精品，具有很高的美学价值和社会价值，是当时高超的工艺水平的最好见证。通过不同时期的产品展示，我们能窥探出工艺不断向前的发展历程。无论怎样的机器设备或者生产工艺，都不如工艺成品最能激起人们想要了解并传承工艺文化的热情，也更为直观地反映工艺文化。

图 8.27 所示为张之洞与汉阳铁厂博物馆中陈列的一把"汉阳造"步枪。最初这批步枪依据德国"1888 式"步枪改造，官方命名为"七密里九毛瑟步快枪"，但名字过于拗口。工人们鉴于湖北枪炮厂在汉阳附近，便给它取了个简单而响亮的绰号——汉阳造。当时，包括美国在内的各国列强都以单发黑火药枪弹步枪为主要步兵武器，"汉阳造"步枪可谓当时世界上最先进的轻武器之一。

图 8.27　"汉阳造"步枪

8.3.3 文化品牌传播

1. 打造独特文化符号

旧工业建筑再生利用后往往成为令人耳目一新的品牌，人们对于这样新鲜的文化活动体验充满非同一般的期望。这是有利于加强人们与旧工业建筑之间情感维系的有利表现，但也对旧工业建筑再生后品牌形象发展提出了更高的挑战。为此，就必须提炼旧工业建筑文化特征与精神内涵，以打造出具有群体象征特质的特殊文化符号，进而不断丰盈文化符号线下体验活动，赢得目标受众的情感共鸣与心理认同，以此循环往复不断加深品牌形象，在受众心中深深刻下烙印。具体操作可粗略分为以下三个步骤。

（1）人格化

通过树立旧工业建筑文化价值特殊的人格代理，将文化价值在人们心中具象化，以此不断拉近人们与旧工业建筑之间的心理距离。甚至还可以借此获得独有的旧工业建筑文化价值主张，引发旧工业建筑话题性，达到事半功倍的效果。

（2）生活化

当旧工业建筑文化价值在人们心中初现雏形后，就应考虑将文化符号与现实社会及消费圈结合起来，不断强调旧工业建筑再生品牌的优越性与时代特质，冲击更多的文化圈层与消费群体，实现旧工业建筑再生品牌的生活化。

（3）多元化

完成旧工业建筑再生品牌的人格化与生活化后，就应该专注于文化品牌的研发。如何实现文化品牌的落地，并实现品牌产品多元化是一项需要结合时代潮流的工作。只有源源不断地开发出具有鲜明特性且符合受众口味的产品，才能够长期维系文化符号与受众间积极、稳定的关系。

2. 建立品牌认同

（1）感官体验

旧工业建筑是历史的缩影，具有不可磨灭的历史印记，而再生利用后的旧工业建筑更是融合了新旧冲撞之美给受众带来极致的感官体验。因此，在旧工业建筑文化价值品牌开发过程中，应注重保留原有建筑风貌，还原历史场景与故事场景，以带给令人惊喜的观赏空间与感官体验。

（2）文化体验

旧工业建筑的历史文化印记是建立品牌认同的基础，必须以此为端口向人们输入旧工业建筑带来的特殊情感，而旧工业建筑也以此区别于其他普通建筑。因此，开发旧工业建筑文化创意体验产品是大势所趋。只有针对旧工业建筑文化开发出具有创意的文化体验产品，才能建立起品牌与人们之间长久的情感维系，并逐步加深人们对品牌深层次内涵的认同。

（3）超然体验

超然体验是消费体验的高阶层次，能够给消费者带来极致的幸福感。建立超然体验的前提是明确旧工业建筑的品牌定位，再挖掘相关体力、智力与情绪上的体验活动。目前，市场上的超然体验方式多从视觉、听觉甚至嗅觉角度出发，通过打造情景式沉浸体验活动，打破时间与空间的束缚，使消费者获得意想不到的超然体验。

3. 建立品牌承诺

当旧工业建筑再生利用项目完成上述两步工作后，其实已初步形成从文化符号到品牌认同的单向线，最后，需要通过建立良好的品牌承诺以形成闭环。建立品牌承诺的方法如下。

（1）设计具有感染力的话题

首先，可针对旧工业建筑再生利用项目营造出一个具有创造力与想象力的名称，这个名称能够使人们对历史、文化、事件产生联想。其次，基于名称设计适当的话题，吸引目标受众参与话题讨论。话题的设计应具有一定的号召力，符合现代新媒体的传播趋势。

（2）构建品牌社群成员互动生态圈

旧工业建筑再生利用项目在运营过程中，会不断吸纳对其文化价值感兴趣的朋友。因此，需要建立良性积极的互动生态圈稳固这一批受众，以不断强化品牌社群的凝聚力，具体可通过线上、线下两类方式开展活动。通过融合线上和线下活动，有利于凝聚社群成员，增强社群活跃度，感染受众范围，对旧工业建筑再生文化价值的保护传承具有重要意义。

8.4 文化保护传承的形式

8.4.1 工业遗产旅游发展

工业遗产的定义为一切具有历史、科技、社会、建筑或审美价值的工业文化遗产。我国工业遗产发展可追溯至 2006 年，如图 8.28 所示。从广义旧工业建筑的范畴来讲，工业遗产就是旧工业建筑。

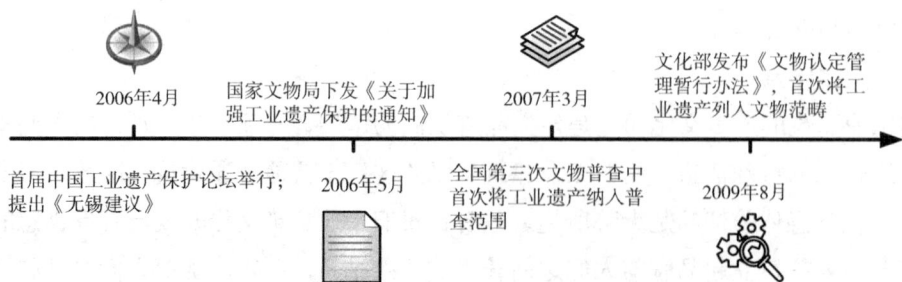

图 8.28　工业遗产发展脉络

如图 8.29 所示，普遍认知范畴内的旧工业建筑其实属于狭义的旧工业建筑，而广义的旧工业建筑还应包括工业遗产等方面。英国是最早提出工业遗产旅游这一概念的国家，也揭示了其本质就是由工业化发展至逆工业化的迂回手段。工业遗产旅游就是在废弃的工业旧址之上，让游客在原有机器设备、厂房建筑中观光游览，进而对工业文明或历史事件加深了解。

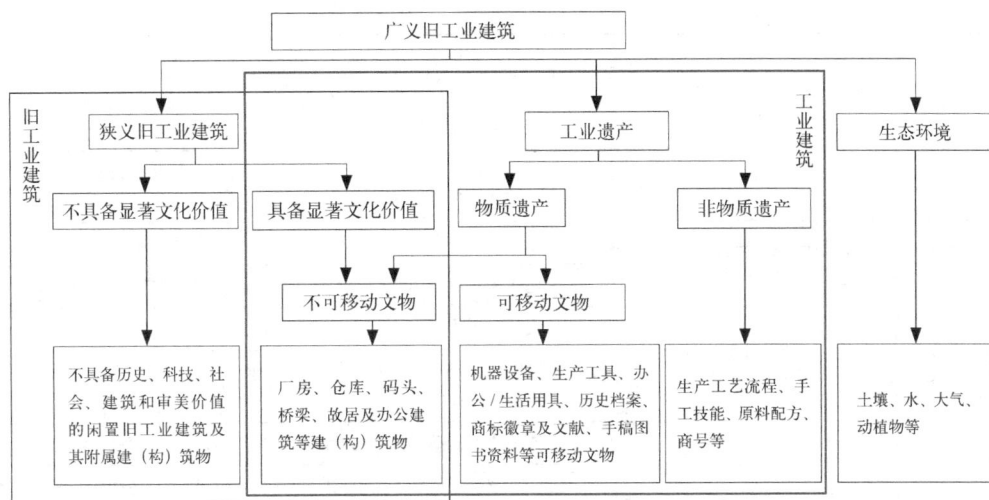

图 8.29　工业遗产与旧工业建筑关系

陕西张裕酒文化博物馆就是典型工业遗产旅游的代表。项目整体以现代博物馆理念为指导，通过对工业旧址进行规模化地保护和利用，依托旅游开发的方式，开发具有观光和科普教育功能的旅游产品，如图 8.30 所示。张裕酒文化博物馆作为我国第一家世界级葡萄酒主题的博物馆，不仅给游客提供观赏品鉴中外藏酒的机会，还满足了游客渴望亲自动手制作佳酿的心愿。张裕酒文化博物馆的成功转型给旧工业建筑开发为博物馆模式的工业遗产旅游提供了宝贵经验。

(a) 百年地下大酒窖　　　　　　　　　(b) 地下大酒窖百年"桶王"

图 8.30　张裕酒文化博物馆

8.4.2 文化创意产业兴起

旧工业建筑再生利用项目的蓬勃发展，也带来了文化创意产业的兴盛。在第十四届中国国际文化创意产业博览会上，专家公布的省市级产业园数量印证了这一点。纵观全国文化创意产业区域发展，都已形成各具特色的发展状况，如表8.5所示。

文化创意产业六大区域　　　　表8.5

区域	行业优势	代表型城市	发展状况
环渤海创意产业集群	文艺演出、广播电视、古玩艺术品交易	北京	拥有全国最多的高等院校、艺术团体及创意人群，并已建成30多个文化创意产业园
		天津	天津意库成为区域品牌
		青岛	已成为山东半岛创意产业龙头，青岛酒吧文化带及青岛动漫艺术节等享誉世界
长三角创意产业集群	工业设计、室内装饰设计、广告策划	上海	已建成128个创意产业集聚区，目标是成为"国际创意产业中心"
		苏州	已成为长三角创意产业生产基地，是上海创意产业链的延伸
珠三角创意产业集群	广告、影视、印刷、动漫	广州	天河区成为广告、影视、媒体等创意工作集聚区
		深圳	以印刷、动漫、建筑、服装、工业设计等为优势产业，目标是打造创意设计之都
西三角创意产业集群	广播电视、出版	重庆	数字传媒、动漫、网络等产业发展迅猛，原创动画居西部第一
		成都	作为全国三大数字娱乐城市之一，全国首家网络动漫游戏产业基地已正式投入运营
		西安	以"政府推动、投资拉动、资源开发、旅游导向、板块推动"为基本模式，形成七大创意产业集聚地
滇海创意产业集群	影视、服装、旅游	海口	着力打造会展、体育健身、文化旅游、民族表演等产业，形成文化旅游中心和生态旅游中心
		昆明	以绘画、音乐、雕塑、民族舞蹈等传统艺术形成基础，打造形成都市复合型创意产业集聚区
		丽江	拥有世界文化、自然、非物质文化三大遗产，已成为影视、表演等活动中心的中国历史文化名城和中国优秀旅游城市
		三亚	世界小姐总决赛、南方新丝路中国模特大赛等诸多选美比赛在此举办，"美丽的经济"成为主角
中三角创意产业集群	网络、动漫、游戏	长沙	形成"动漫湘军、出版湘军、影视湘军"等品牌，其创意城市特色有着特殊的地位
		武汉	动漫、工业设计、软件与服务外包装成为优势产业，打造"中国数字创业之都"
		南昌	以环鄱阳湖经济带为中心，印刷出版、工艺美术、数字传媒产业优势突出

8.4.3 城市形象稳步提升

城市的发展就是人类的化身，城市从无到有、从低级到高级的发展历史，反映着人类文明与人类自身的发展历程。城市不仅是人类居住、工作的地方，更是文化的容器，新文明的孕育所。在20世纪，人类文明主要凸显的是工业社会的文明，工业遗产留下了人类在工业革命以来的发展轨迹。进入 21 世纪，人类文明则迎来了城市文明的新阶段。

城市形象，是社会公众包括市民与游客对城市的整体印象与评价，是一座城市重要的竞争力因素，也是区别于其他城市的标识之一。在经济全球化和世界城市化的时代，城市形象不仅是人们消费城市的重要内容，也是城市本身创造经济效益和社会财富的重要方式。城市的形象建设与自我定位是紧密联系的，通过城市形象的展示和识别系统的宣传推广，城市的性格、气韵、吸引力得以释放，城市的品位与内涵得以彰显，城市的个性得以构建。只有拥有了独特的个性面貌，城市才能从千城一面中脱颖而出。

工业遗产非常直观地记录并体现了工业文明与城市工业化进程，是构成一个城市的历史文化内涵、审美旨趣的重要组成部分，能够对城市居民的精神追求、行为方式甚至道德观和价值导向产生显著影响。这种因工业遗产而形成的个性化的文化积累，体现出城市或地区之间的差异，形成城市文化底蕴的独特性。因此，对旧工业建筑文化的再生利用，与城市形象塑造及其综合竞争力打造息息相关。

杭州市较早地认识到了旧工业建筑能够给社会带来源源不断的"文化自信"，拒绝走"大拆大建、拆旧建新"的路线，并出台了一系列政策予以支持（表 8.6）。

杭州市旧工业建筑再生利用相关政策　　　　　　　　　　　　　表 8.6

时间	相关政策	主要内容
2008	《杭州市工业遗产普查》	地毯式摸排杭州市区旧工业建筑（工业遗产）家底，初步罗列保护名单
2009	《杭州市工业遗产（建筑）保护规划》	通过法制手段保护杭州市工业遗产，并对旧工业建筑再生利用模式做出初步探索
2010	《杭州市工业遗产建筑管理规定》	
2012	《杭州共识》	在杭州举办的中国工业遗产保护研讨会上发表，提出工业遗产活态保护理念

杭州作为国家历史文化名城与重要的风景旅游城市，在城市旧工业（工业遗产）与城市传统旅游融合发展方面上做出了示范，不仅提升了杭州作为传统旅游城市的深度与内涵，也为一大批旧工业建筑及其潜在价值找到了理想归宿。当前，在对旧工业建筑进行再生利用，保护"城市名片"的征途上，杭州市已经走在全国前列。

参考文献

[1] 中国冶金建设协会.旧工业建筑再生利用技术标准：T/CMCA 4001—2017[S].北京：冶金工业出版社，2017.

[2] 李慧民，陈旭.旧工业建筑再生利用管理与实务 [M].北京：中国建筑工业出版社，2015.

[3] 李慧民，李文龙，李勤.旧工业建筑再生利用项目建设指南 [M].北京：中国建筑工业出版社，2018.

[4] 李慧民，张扬，李勤.旧工业建筑再生利用文化解析 [M].北京：中国建筑工业出版社，2019.

[5] 孔男男.老城区给水管网改造与规划研究——以神木县为例 [D].西安：西安建筑科技大学，2014.

[6] 李新建.历史街区保护中的市政工程技术研究 [D].南京：东南大学，2011.

[7] 杨慧忠.废弃材料在园林中的应用研究 [D].福州：福建农林大学，2010.

[8] 刘宇.后工业时代我国工业建筑遗产保护与再利用策略研究 [D].天津：天津大学，2015.

[9] 李旭旭.基于城市触媒理论的城市旧工业地段更新研究——以 2013 年重庆大学中德联合教学设计为例 [D].重庆：重庆大学，2015.

[10] 金磊.20 世纪工业建筑遗产的保护与利用 [J].建筑设计管理，2017，34（3）：31-34.

[11] 梅洪元，费腾，王宇.后工业时代旧工业建筑的转型再利用 [J].城市建筑，2009（2）：23-25.

[12] 高盼，嵇洁，王敏翔，等.旧工业厂房改造中的文化延续 [J].城市建筑，2014（23）：280-281.

[13] 韦峰.在历史中重构工业建筑遗产保护更新理论与实践 [M].北京：化学工业出版社，2015.

[14] 李森.可持续发展下旧工业建筑再生利用——以西安建筑科技大学东校区为例 [D].青岛：青岛理工大学，2011.

[15] 王西京，陈洋，金鑫.西安工业建筑遗产保护与再利用研究 [M].北京：中国建筑工业出版社，2011.

[16] 田卫，任秋实，王立杰，等.基于系统动力学模型的旧工业建筑再生利用项目监管演化博弈研究 [J].安全与环境学报，2022，22（5）：2668-2676.